巅/峰/对/决/系/列

世界经典枪械
巅峰对决

军情视点 编

化学工业出版社
·北京·

本书精心选取了第一次世界大战以来世界各国装备的数十种经典枪械，综合枪械各方面特点将其分为若干单元，从尺寸大小、制造背景、枪体构造、作战能力等各个方面进行全方位对比介绍，并以图表的形式对每组枪械的各项基本参数进行比较。全书文字通俗易懂，每种枪械都配有大量精美的图片，包括整体展示图、局部特写图、分解图、士兵训练图等。

本书不仅是广大青少年朋友学习军事知识的不二选择，也是军事爱好者收藏的绝佳对象。

图书在版编目 (CIP) 数据

世界经典枪械巅峰对决 / 军情视点编 . — 北京：化学工业出版社，2018.3（2023.1 重印）
（巅峰对决系列）
ISBN 978-7-122-31581-6

Ⅰ. ①世… Ⅱ. ①军… Ⅲ. ①枪械 - 介绍 - 世界
Ⅳ. ① E922.1

中国版本图书馆 CIP 数据核字（2018）第 038001 号

责任编辑：徐　娟　　　　装帧设计：卢琴辉
责任校对：吴　静　　　　封面设计：刘丽华

出版发行：化学工业出版社（北京市东城区青年湖南街 13 号　邮政编码 100011）
印　　装：河北京平诚乾印刷有限公司
710mm×1000mm　1/16　印张 14　字数 250 千字　2023 年 1 月北京第 1 版第 2 次印刷

购书咨询：010-64518888　　　　售后服务：010-64518899
网　　址：http：//www.cip.com.cn

定　　价：73.00 元

Preface 前言

从旧时代的冷兵器到现代的热兵器，战士手中的武器在不断革新，尤其是在两次世界大战中，武器的变化更是日新月异，这期间枪械这种远距离作战武器在战争中运用最多、最广泛，小到手枪，大到重机枪，无一不让人对其爱恨交织。

从19世纪末开始，枪械的各种技术日趋成熟，小型速射枪械已经包办了包括近战在内的几乎所有人对人的战斗。为了应付枪林弹雨的威胁，战车开始出现，反过来促使比传统枪械更具单发破坏力的广义轻武器的出现，也开始超越了狭义枪械的境界。20世纪上半叶的两次世界大战也加快了各种枪械的发展。时至今日，尽管各种高科技武器不断出现，但枪械仍然在现代军队中占据着重要位置。

本书精心选取了第一次世界大战以来世界各国装备的数十种经典枪械，综合枪械各方面性能将其分为若干小组，从尺寸大小、制造背景、枪体构造、作战能力等各个方面进行全方位对比介绍，并以图表的形式对每组枪械的各项基本参数进行比较。全书文字通俗易懂，每种枪械都配有大量精美的图片，包括整体展示图、局部特写图、分解图、士兵训练图等。通过阅读本书，读者可以全面了解世界各国的枪械发展情况和实力对比。

作为传播军事知识的科普读物，最重要的就是内容的准确性。本书的相关数据资料均来源于国外知名军事媒体和军工企业官方网站等权威途径，坚决杜绝抄袭拼凑和粗制滥造。在确保准确性的同时，我们还着力增加趣味性和观赏性，尽量做到将复杂的理论知识用简明的语言加以说明，并添加了大量精美的图片。因此，本书不仅是广大青少年朋友学习军事知识的不二选择，也是军事爱好者收藏的绝佳对象。

参加本书编写的有丁念阳、杨淼淼、黎勇、王安红、邹鲜、李庆、王楷、黄萍、蓝兵、吴璐、阳晓瑜、余凑巧、余快、任梅、樊凡、卢强、席国忠、席学琼、程小凤、许洪斌、刘健、王勇、黎绍美、刘冬梅、彭光华、邓清梅、何大军、蒋敏、雷洪利、李明连、汪顺敏、夏方平、祝如林、杨晓峰、张明芳、易小妹等。

由于时间仓促，加之军事资料来源的局限性，书中难免存在疏漏之处，敬请广大读者批评指正。

编　者

2018年1月

Contents 目 录

第1章 枪械概述

枪械是步兵的主要武器，也是其他兵种的辅助武器，是指利用火药燃气能量发射弹丸、口径小于20毫米的身管射击武器。主要以发射枪弹，打击无防护或弱防护的有生目标为主。

1.1 枪械的发展历史

早在公元1259年，中国人就发明了以黑火药发射弹丸、竹管为枪管的第一支“枪”——突火枪。其基本形状为：前段是一根粗竹管；中段膨胀的部分是火药室，外壁上有一点火小孔；后段是手持的木棍。其发射时以木棍拄地，左手扶住竹管，右手点火，发出一声巨响，射出石块或者弹丸，未燃尽的火药气体喷出枪口达两三米。不过这种原始的火枪真正所能起到的也只有心理威慑作用。首先，由于火药的原料配比问题，其推力相当有限，射程大概不到100米，又因为射击方式很僵硬，根本不可能运用现代的“三点一线”式瞄准方式，再因为其枪管为竹管，在射击了大约四五次之后，枪管末段的竹质就会因为火药爆炸时的灼烧而变得十分脆弱，摔在地上就会折断，更有甚者，射击的时候因为膛压过高干脆炸膛，竹子哪里撑得住那样的爆炸，很少能成功开火，所以只有心理威慑作用。

到了14世纪中期，意大利出现了名叫“火门枪”的武器，这种武器主要用于城堡要塞的防御。在此基础上，后人又设计出了火绳枪。

火绳枪在发射时，可用手指将金属弯钩往火门里推压，使火绳引燃点火药，继续点燃发射药。这样，射手可以一边瞄准一边推火绳点火。不过，由于火绳枪是前膛单发填装且弹丸与推进药分装，所以其射速非常慢，大约30秒一发。再者，暴露在外的火绳非常容易被风吹灭或者被雨水浇灭，射击非常容易失败，枪手还需要用火折子直接去点火绳，所以射击失败之后的重新射击也非常麻烦。 火绳枪是后来燧发枪的先驱。燧发枪是在17世纪由法国人发明的。它的基本结构如同打火枪，即利用击锤上的燧石撞击产生火花，引燃火药。燧发枪的平均口径大约为13.7毫米，由于还没有发明后装弹式火枪，所以这对当时的弹药装填技术提出了很高的要求，按以前的装填方法，装填弹丸时，需将弹丸放到枪口，用木榔头打送弹棍，推枪弹进膛，这是非常费时间的，而在战场上，这就意味着浪费生命。

1608年西方的火枪手

燧发枪的出现标志着纯机械式点火时代技术的结束，而之后的爆炸式点火技术就意味着瞬间点火时代的开始。首先进行爆炸式点火技术激发试验的是一个名叫亚历山大·福希斯的苏格兰牧师。福希斯开始是用器皿装雷汞粉。后来把雷汞粉铺在两张纸之间，再进一步制作了纸卷“火帽”，这种发明大大加快了枪械的发射速度。1812年，法国出现了弹头、火药和纸弹壳组合一体的定装式枪弹，于是，人们开始从枪管尾部装填弹药。

燧发枪

1835年，普鲁士人德莱赛成功发明了后装式步枪，他把自己造的枪称为“针枪”。在使用时，射手用枪机从后面将子弹推入枪膛，在扣动扳机后枪机上的击针穿破纸弹壳并撞击底火，引燃发射药将弹丸击发。1867年，德国研制成功并制造了世界上第一支使用金属外壳子弹的机柄式步枪。这种枪有螺旋膛线，使用定装式枪弹，操纵枪机机柄可实现开锁、退壳、装弹和闭锁。

随着技术的发展，自动枪械终于在19世纪末出现了，并在第一次世界大战（以下简称一战）中大放光彩。在索姆河战役中，德国使用马克沁机枪对冲击德军阵地的英法联军扫射，使英军一天的伤亡就达到近6万人。马克沁机枪一战成名，在此役之后各国军队纷纷开始装备，并被称为“最具威慑力的陆战武器”。于是自动枪械开始取代手动枪械，成为战场上新崛起的一颗新星。

美国海军陆战队成员进行枪械射击训练

一战之后，各国积极开发各种手枪（包括左轮手枪）、冲锋枪、手动步枪、半自动步枪、自动步枪、狙击步枪及机枪。直至第二次世界大战（以下简称二战）后期，还出现了自动步枪和突击步枪，如1944年出现在战场上的德国7.92毫米StG44突击步枪，特点是火力强大、轻便，在连续射击时亦较机枪容易控制，这是世界上第一种突击步枪，亦对世界各国枪械的研制产生了重大影响。

1.2 枪械的未来趋势

早在20世纪60年代，就有人开始预测枪械的未来发展趋势。当时有两种观点认为枪械没有前途并将被取代。其一是机动兵器（泛指所有能够自动活动的战术单位作战工具）已经代替了步兵完成绝大部分的战略任务，未来军用机器人将完全取代步兵的占领和警察的治安任务，即使继续用枪械也仅被固定在机器人身上而非手持。另一个观点是随着先进的能源技术，将出现比枪械更有威力的小型武器，例如激光武器和电磁炮。

但更多人认为以上两种观点比较容易受到技术和伦理的限制，所以最有可能的是出现新原理和结构的枪械。

1.3 枪械的种类

■ 手枪

手枪是一种单手握持瞄准射击或本能射击的短枪管武器，通常为指挥员和特种兵随身携带，用在50米近程内自卫和突然袭击敌人。现代手枪的基本特点是：变换保险、枪弹上膛、更换弹匣方便，结构紧凑，自动方式简单。现代军用手枪主要有自卫手枪和冲锋手枪。

伯莱塔M9手枪

步枪

步枪是指有膛线的长枪。属于单兵肩射的长管枪械。主要用于发射枪弹，杀伤暴露的有生目标，有效射程一般为400米左右；也可用刺刀、枪托格斗；有的还可发射枪榴弹，具有点面杀伤和反装甲能力。步枪按自动化程度分为非自动、半自动和全自动三种，现代步枪多为自动步枪。步枪按用途分为普通步枪、突击步枪和狙击步枪。狙击步枪是一种特制的高精度步枪，一般为半自动或手动，多数配有光学瞄准镜，有的还带有两脚架，装备狙击手，用于杀伤600～800米以内重要的单个有生目标。突击步枪射速较高，射击时较稳定，后坐力比较低，枪身比较短小、轻便，能够以全自动及半自动方式射击，具有合乎人体工学的现代化外形（装有手枪式握把和枪托在枪管中线），发射中间型威力枪弹或小口径步枪弹，有效射程300～500米，是具有冲锋枪的猛烈火力和接近普通步枪射击威力的自动步枪。

世界著名突击步枪——AK-47

冲锋枪

冲锋枪通常是指双手持握、发射手枪子弹的单兵连发枪械，曾被称作“手提机关枪”。它是介于手枪和机枪之间的武器，比步枪短小轻便，便于突然开火，射速高，火力猛，适用于近战或冲锋，因而得名“冲锋枪”，在人类战争史上有举足轻重的作用。

苏联/俄罗斯PPSh-41冲锋枪

机枪

机枪是指全自动、可快速连续发射的枪械。通常分为轻机枪、重机枪和通用机枪等。为了满足连续射击的稳定需要，机枪通常备有两脚架及可安装在三脚架或固定枪座上，以扫射为主要攻击方式。按照自动原理不同可以分为两类：一类是以加特林为代表的外部能源机枪；另一类是以马克沁、勃朗宁为代表的，以火药燃气为动力的机枪，后者又可以分为管退式、导气式、自由枪机式、混合式等多种。

美国勃朗宁M2重机枪

霰弹枪

霰弹枪是指无膛线（滑膛）并以发射霰弹为主的枪械，旧称为猎枪或滑膛枪，有时也被称为鸟枪。其外形和大小与半自动步枪相似，明显的分别是有较大口径和粗大的枪管，部分型号无准星或标尺，口径一般达到18.2毫米，火力大，杀伤面宽，是近战的高效武器，已被各国特种部队和警察部队广泛采用。现代军用霰弹枪的外形和内部结构都非常类似于突击步枪，全枪基本由滑膛枪管、自动机、击发机、弹仓、瞄准装置以及枪托、握把等组成。

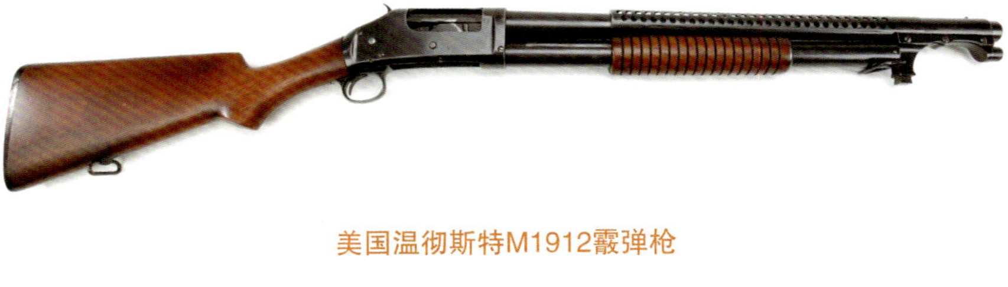

美国温彻斯特M1912霰弹枪

1.4 枪械相关名词术语

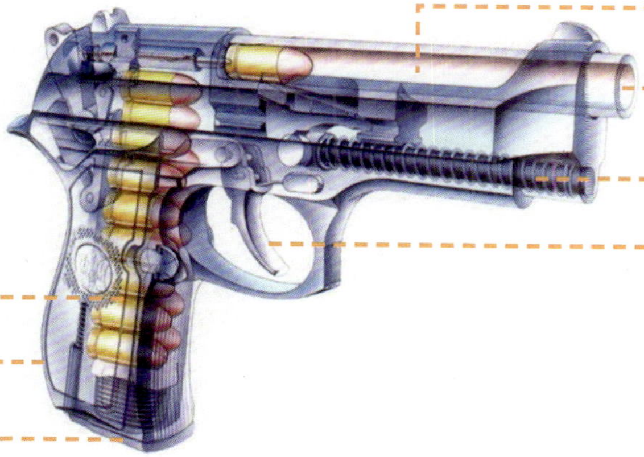

伯莱塔92手枪解剖图

口径

口径常用于表示管状火器与弹药，或者是其他圆柱形武器，譬如枪械、火箭或者是导弹的直径大小。口径大小的差异往往也代表武器或者是弹药的重量与能够产生的威力。

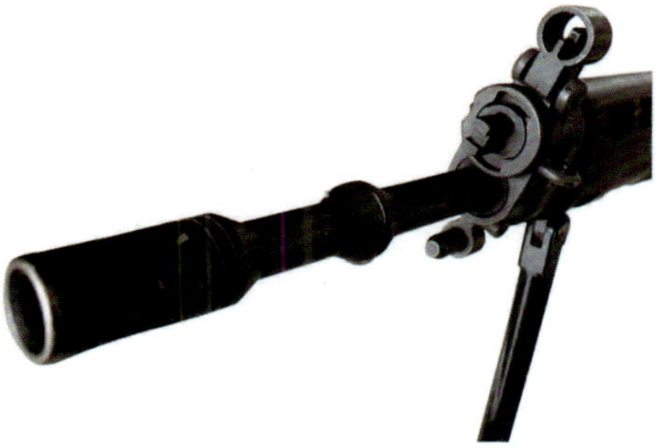

SG550突击步枪的枪口

子弹

子弹是一种将弹头/弹丸、推进药、底火整合在弹壳中以方便在火器类枪械的膛室中填装进行发射的弹药。子弹是后膛火器专有的弹药，相比之下，前膛枪不使用定装弹药而是将火药和弹丸分开装入枪管；而气枪因为根本不依赖推进药提供动力，只装填独立的弹粒和弹珠。

各式军用定装弹

弹匣

弹匣是一种供弹装置，结构非常复杂，安装在枪机轴线圆周某个方向上，一般均为可卸式，外观呈盒状，其作用和弹鼓、弹盘等相同。

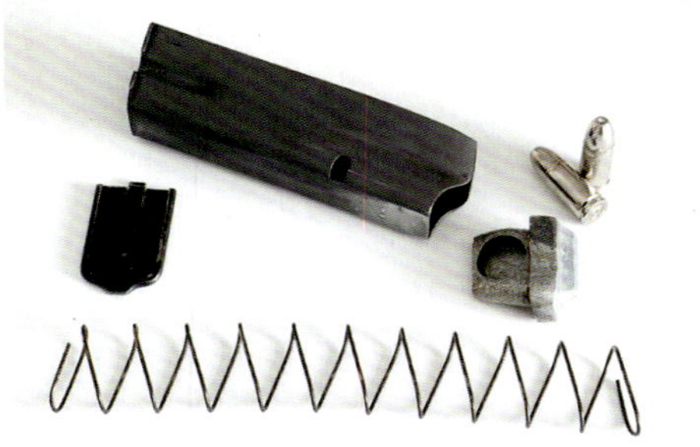

FN M1935手枪的弹匣分解前（上）后（下）

枪身

枪身是枪械最基本的结构，其他零件如枪机、枪管、弹筒等都是以枪身为基础加在其上的。

枪体

枪体泛指枪械上用以把持操作的各部分，包括护木、护手、握把、后托等，其材质为木制或塑胶制，等同于广义的“枪托”。

枪管

枪管是枪械的主要组成零件之一，通常以耐热不易变形的金属管打造而成，连接在膛室，子弹被击发的同时，因火药爆炸或气压所产生的膨胀气体，又或其他动力，会推动弹头通过枪管，最后成为高速的投射物射出。

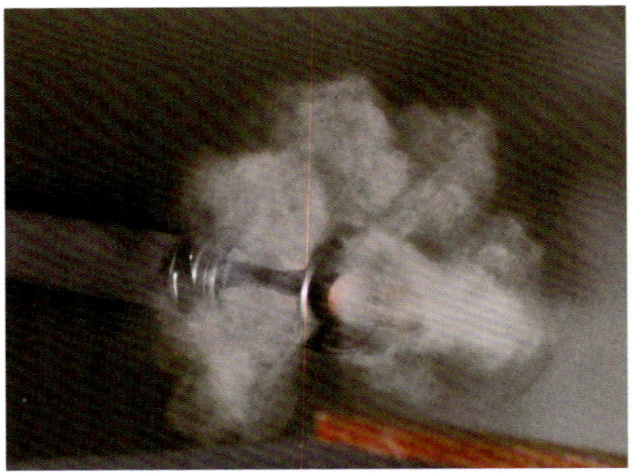

子弹在飞离装有消焰器的枪口瞬间时的气体释放

复进簧

复进簧是在自动或半自动枪械上阻缓向后移动的枪栓并将其推送回前端的弹簧。

扳机

扳机是组成枪械的零件，射击时用手扳动它使枪弹射出。一般会扣动下三分之一处，以保持射击精度，不然会有偏差。

第2章 手枪巅峰对决

手枪由于短小轻便，携带安全，能突然开火，一直被世界各国军队和警察，主要被指挥员、特种兵以及执法人员等大量使用。随着时间的推移，手枪现在已经发展成为种类繁多的现代武器，并且性能和威力比以前都有大幅度提高。不过由于自动化武器的不断小型化，手枪的作用和地位受到了不小的冲击。但随着高科技的不断加入，它仍然会在武器大家庭中占据相当重要的位置。

2.1 不死老枪：美国M1911 VS 德国鲁格P08 VS 苏联/俄罗斯TT

M1911手枪与鲁格P08手枪都经历了两次世界大战，是战场上出现最多的手枪。在整个服役时期，M1911共生产了约270万支，鲁格P08也有生产数量约205万支的不俗成绩。与它们相比，TT手枪虽然没有经历一战，但其设计也颇受M1911手枪的影响，在二战中尽管没有完全替代纳甘M1895手枪，但也在苏联军队中广为使用，产量高达170万支。虽然这三种手枪的服役时间较早，但因各自优异的作战性能与较高的知名度，至今在世界名枪史上占有重要地位。

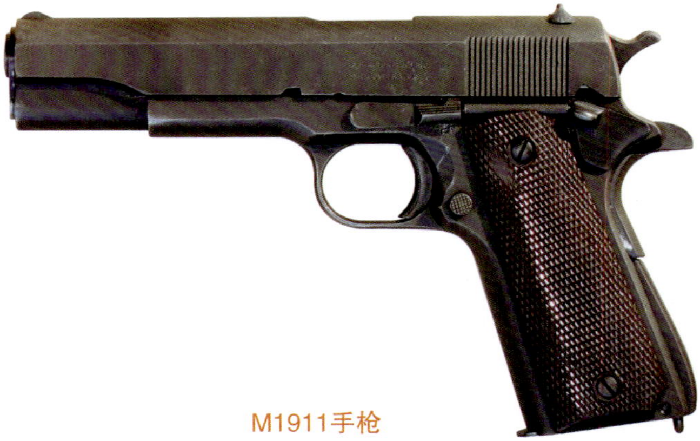

M1911手枪

鲁格P08手枪

TT手枪

基本参数对比

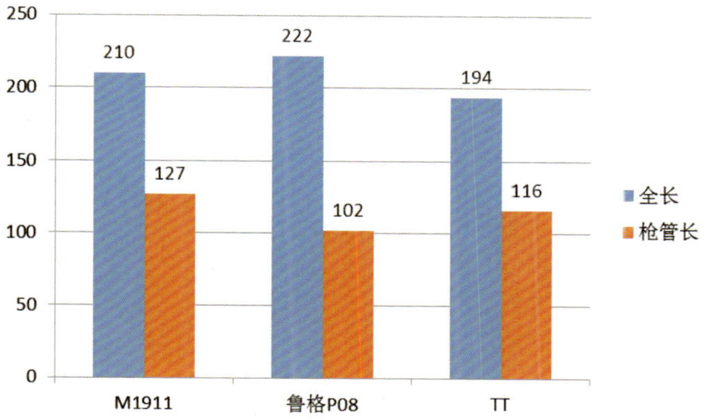

枪体尺寸大小对比（单位：毫米）

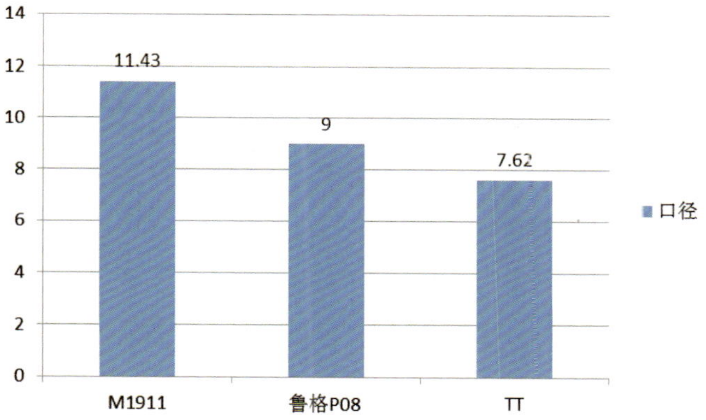

口径大小对比（单位：毫米）

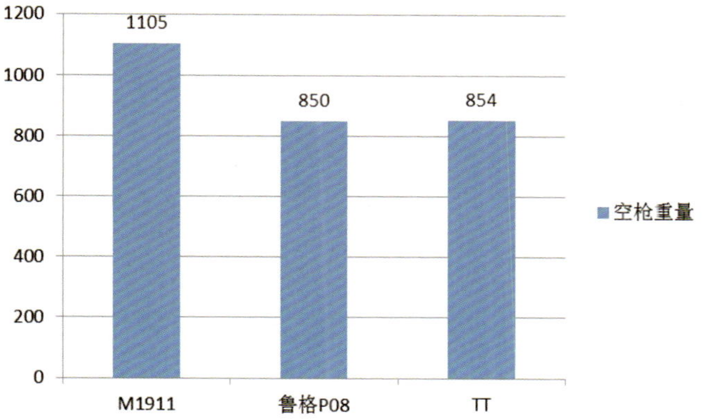

空枪重量对比（单位：克）

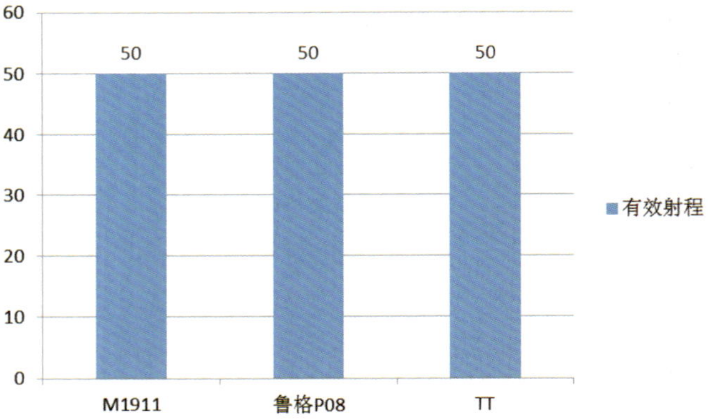

有效射程对比（单位：米）

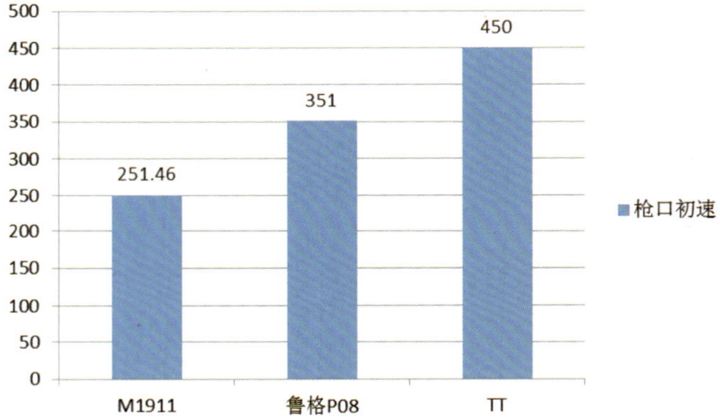

枪口初速对比（单位：米/秒）

制造背景概述

M1911手枪

M1911半自动手枪于19世纪末期开始研发，由约翰·勃朗宁设计。当时的美军希望以自动装填手枪（半自动手枪）来取代多种仍然服役且种类繁多的左轮手枪。1907年，美国正式招标11.43毫米口径手枪作为新一代的军用制式手枪，在对该手枪项目竞标中，柯尔特公司和萨维奇公司的手枪被美国军

M1911手枪内部构造

方选中，随后两家公司的产品便开始进行试验和改进。在1910年末的6000发子弹射击试验中，柯尔特公司的样枪射完子弹没有出现任何问题，而萨维奇公司的样枪则出现37次故障，最后自然是柯尔特公司胜出。

M1911手枪

1911年3月29日，柯尔特公司的手枪正式成为美国陆军的制式手枪，定型为M1911。1913年，由于M1911手枪的性能十分出色，也被美国海军和美国海军陆战队选为制式手枪。

鲁格P08手枪

鲁格P08半自动手枪由乔治·鲁格在1899年根据博尔夏特手枪改进而来，1900年就被瑞士采用为制式手枪。作为与M1911手枪同时代的产品，鲁格P08手枪是世界上第一种制式军用半自动手枪，是两次世界大战里最具有代表性的手枪之一，它和瓦尔特系列手枪都是德军的重要武器。鲁格P08停产以后，军队也不再装备，但作为德国军人的一种荣耀，它影响着那一个特殊的年代，现在只有少数警察还在使用。

鲁格P08手枪上方视角

鲁格P08手枪与枪套

TT手枪

TT手枪在世界手枪史上曾与M1911手枪齐名，是当年冷战期间东方阵营具有标志性的手枪。TT手枪是由苏联著名枪械设计师托卡列夫于1930年以勃朗宁的M1911手枪为蓝本而设计的一款半自动手枪，由图拉兵工厂生产。该手枪于1930年被苏联采用，成为苏联的军用制式手枪，以图拉和托卡列夫的缩写将该枪命名为“TT手枪”，又称为托卡列夫手枪。TT手枪在开始投产后简化了一些设计，如枪管、扳机释放钮、扳机及底把等，以便更易于生产，这种改进型名为TT-33。为了降低生产成本，苏联在1946年再一次对TT-33进行了简化设计。

TT手枪上方视角

TT手枪与子弹

枪体构造对比

M1911手枪

M1911手枪的自动方式为枪管短后坐式，闭锁方式为枪管偏移式，其操作原理如下。弹头被推出枪管时，枪管和套筒也因后坐力而后退，枪管尾端以铰链为轴朝下方摆动。同时，套筒内的闭锁凹槽和枪管尾端的凸筋分离，弹壳退出枪膛并弹出，然后退到最后的套筒在弹簧的作用下复位将弹夹内的子弹上膛，手枪所有结构复位。M1911采用单动发射机构，只能单发射击。它的击发与发射机构由击针、击针簧、击锤、击锤簧、阻铁、阻铁簧、单发杆、扳机连杆、扳机组成。

M1911手枪及弹匣

M1911手枪分解图

M1911手枪采用了双重保险设计，其中包括手动保险和握把式保险。手动保险在枪身左侧，处于保险状态时击锤和阻铁都会被锁紧，套筒不能复进。握把式保险则需要用掌心保持按压力度才能保持战斗状态，松开保险后手枪就无法射击。

鲁格P08手枪

鲁格P08手枪采用枪管短后坐式工作原理，配有V形缺口式照门表尺，片状准星。鲁格P08手枪最大的特色是其肘节式闭锁机构。它参考了马克沁重机枪及温彻斯特贡杆式步枪的工作原理，类似人类的手肘，伸直时，可以抵抗很强的力量，一旦弯曲，很容易继续收缩。击发时枪管和枪机会因后坐力而向后移动，其枪机肘节会曲起以完成推弹入膛和抛壳的过程。这种设计跟现代大部分半自动手枪采用的滑套设计有所出入。鲁格P08手枪的准星为三角形斜坡准星，可调风偏。带V形缺口照门的弧形表尺，分划为100米，最大表尺射程800米。

鲁格P08手枪及弹匣

鲁格P08手枪分解图

TT手枪

TT手枪采用枪管短后坐式工作原理，这点类似美国的M1911手枪，其闭锁方式属于枪管起落式，击发机构为击锤回转式，发射机构为单发式。它的枪管下方有一个铰链环，挂机柄销插在环中。射击后，枪管和套筒首先一起后坐一段自由行程，然后枪管下的铰链环绕挂机柄销向后转动，迫使枪管下移，使枪管上的闭锁凸笋脱离套筒上的凹槽。此时枪管和套筒分离，完成开锁。当套筒推枪管复进簧时，枪管下的铰链环又绕挂机柄销向后转动，使枪管上抬，闭锁凸笋进入套筒座凹槽，实现闭锁。该枪后下端与套筒座用铰链连接。在火药气体压力作用下，枪管与套筒一起后坐。又由于铰链下端固定在套筒上，所以使其上端向后转动，枪管下移，枪管后上方的两条闭锁凸笋脱离套筒上的凹槽，枪管与套筒分离，完成开锁。然后枪管停止后坐，而套筒继续向后，完成抽壳、抛壳、压倒击锤等动作。

TT手枪的击发机构由击锤、阻铁、解脱子、扳机、击锤簧和阻铁簧等部件组成。击锤为圆形扳齿式，解脱子用于防止提前发射和半自动射击时连发，并且兼作扳机杆。击针采用简单的定位方式，而不是M1911手枪的击针限制板系统。TT手枪的弹容量为8发，弹匣的外形及托弹板形状均与M1911手枪相似。TT手枪的瞄准装置由固定式觇板准星和U形缺口式照门组成。小的觇板准星比M1911手枪的圆顶式准星更容易瞄准。

TT手枪及弹匣

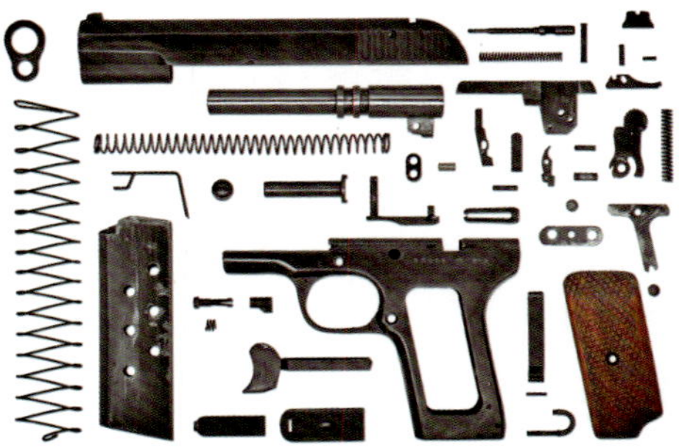

TT手枪分解图

作战能力对比

M1911手枪

M1911手枪性能优秀，其11.43毫米的大口径能够确保在有效射程内快速让敌人失去战斗能力，而且该手枪的故障率很低，不会在一些关键时刻“掉链子”，这两点对战斗手枪来说非常关键。此外，该手枪结构简单，零件数量较少，而且比较容易拆解，方便维护和保养。当然，M1911半自动手枪也有一些缺点，比如弹容量较小，但是体积和重量又稍大，不便于携带，而且后坐力也偏大。

柯尔特的金杯国家比赛版本的M1911手枪

M1911手枪及枪套

鲁格P08手枪

鲁格P08手枪主要配用两种子弹，口径分别为9毫米与7.65毫米。同样作为性能可靠、质地优良的武器，鲁格P08手枪有多种变型枪，其中，P08炮兵型是该系列手枪中的佼佼者，极其珍贵。炮兵型的鲁格P08射击精度较高，能够命中200米处的人像靶。鲁格P08的不足在于生产工艺要求高，零部件较多，成本也较高。

鲁格P08手枪右侧方特写

鲁格P08手枪及枪盒

TT手枪

TT手枪所用的7.62×25毫米子弹贯穿力强大，具有射程远、体积小、重量轻的特点。但是它的缺点在于子弹数少，没有保险装置，偶尔会出现卡弹或走火现象。

黑色涂装的TT手枪

TT手枪及配件

2.2 制式健将：美国M9 VS 瑞士SIG P220 VS 俄罗斯MP-443

M9手枪、SIG P220手枪与MP-443手枪都是自诞生开始就在军队服役至今的制式手枪。美军从1990年起开始装备M9作为制式手枪，伯莱塔公司在2009年的枪展上宣布获得了220万美元、为期五年内的美军M9和M9A1及相关配件生产合同，这显示在短时间内M9不会被大规模取代，因此美军的M9手枪目前仍是主要制式手枪。SIG P220手枪的设计目的与M9手枪相似，都是为了替代原有的制式手枪。虽然P220是P210的改进，但比起P210性能更完善，更安全可靠，而且价格也更便宜。瑞士、丹麦、日本都曾采用P220作为军队制式手枪，SIG公司以P220为基础开发出的一系列手枪更是凭着性能优良、操作可靠，在军队、警方和民间都颇有市场。同样作为制式武器，MP-443手枪自20世纪90年代服役至今，使用范围却远不如前两者广泛，其原因除了财政问题外，还有一个问题是马卡洛夫手枪数量丰富，在俄罗斯始终作为主要警用手枪。不过从2011年开始，MP-443手枪的产量开始逐渐增长，并有赶超马卡洛夫手枪的趋势。

M9手枪

SIG P220手枪

MP-443手枪

基本参数对比

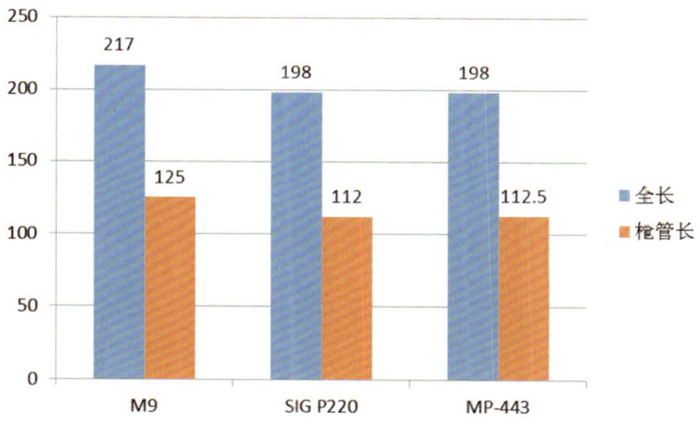

枪体尺寸大小对比（单位：毫米）

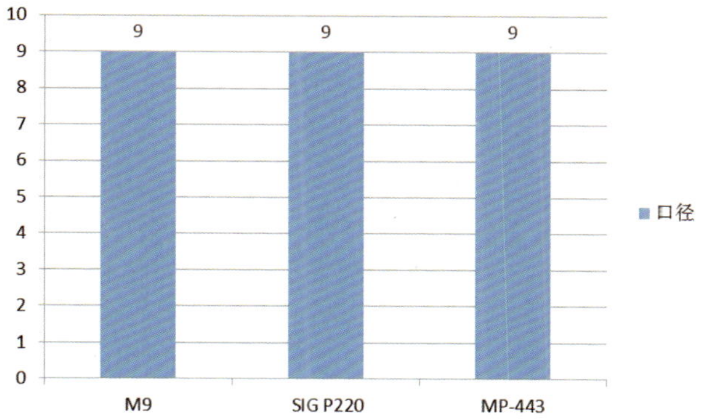

口径大小对比（单位：毫米）

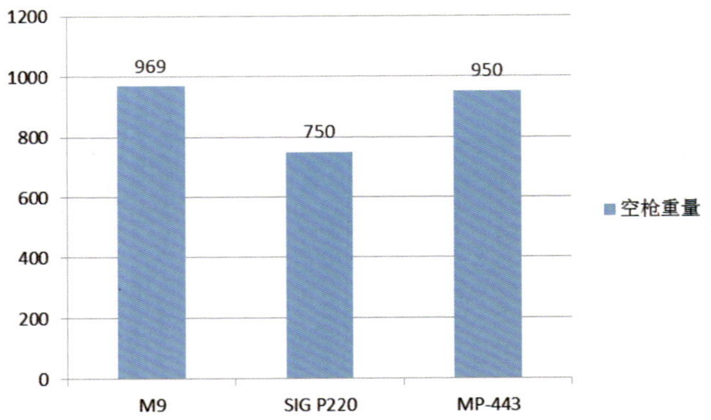

空枪重量对比（单位：克）

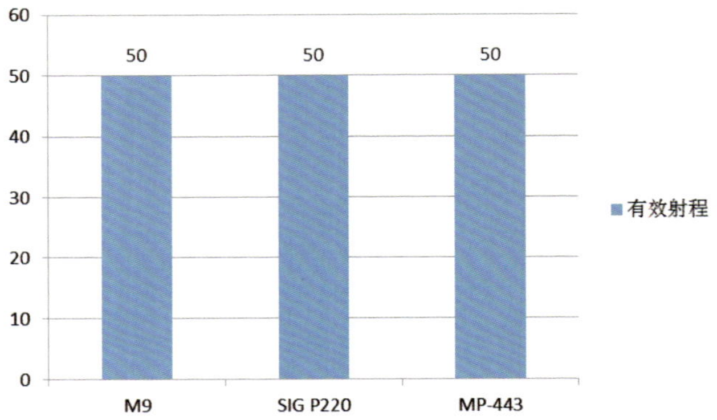

有效射程对比（单位：米）

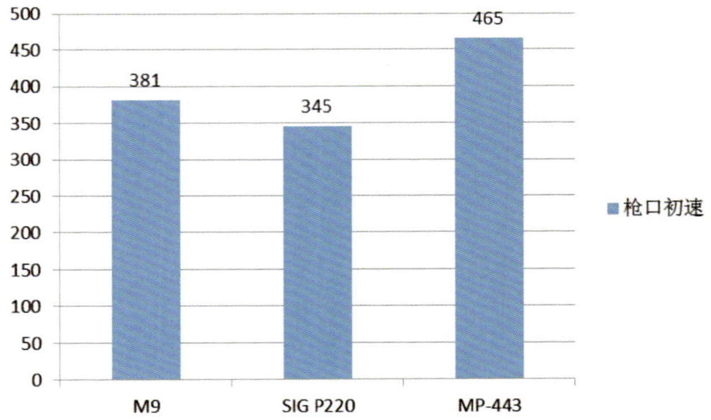

枪口初速对比（单位：米/秒）

制造背景概述

M9手枪

M9手枪的诞生最早可以追溯到1978年，那时候美国空军提出需要采用一种新的9毫米口径半自动手枪，用以取代老旧的柯尔特M1911A1半自动手枪，多家著名枪械公司参加了选型试验。1980年，美国空军官方宣布伯莱塔92S-1手枪比其他型号稍好。此时，美国其他军种也正好需要寻找新的辅助武器。因此，更严格的一轮试验又开始了，伯莱塔公司送交的型号为92SB-F，之后更名为92F。1985年1月，美国陆军宣布伯莱塔92F胜出，被选为制式手枪并正式命名为M9，此后各个军种的特种部队都有使用。经过在阿富汗和伊拉克两个战场的洗礼，M9手枪获得了“世界第一手枪”的称号，能荣得此美誉，就足以证明M9手枪的可靠性。

M9手枪侧方特写

M9手枪上方视角

SIG P220手枪

SIG P220是由瑞士SIG公司设计、德国Sauer公司生产的SIG Sauer系列手枪中最早的型号，其性能完善、安全可靠，且价格也较便宜。早在20世纪60～70年代，瑞士军队装备的P210手枪价格昂贵且产量较低，于是军方就要求SIG公司设计一款价格便宜、能量产的新型手枪。由于SIG公司的规模非常小，不能够独自完成这个项目，于是便与德国Sauer公司合作共同设计和生产这种新手枪。因为是SIG和Sauer这两家公司共同完成的，所以最后这款新手枪被命名为SIG Sauer P220，一般简称为SIG P220手枪。

SIG P220手枪侧方特写

枪盒中的SIG P220手枪

MP-443手枪

MP-443是由俄罗斯联邦枪械设计师弗拉基米尔·亚雷金领导的设计团队研制、先后由枪械制造商伊热夫斯克机械工厂和与其合并的卡拉什尼科夫集团所生产的半自动手枪。2003年，它被俄罗斯军队和执法机关以下的各个部队所采用，2011年，俄罗斯开始大量生产MP-443手枪，2012年，俄罗斯西部军区的军官也接受了该武器。

MP-443手枪后侧方特写

MP-443手枪及弹匣、子弹

枪体构造对比

M9手枪

M9手枪沿用92F的设计，采用短行程后坐作用原理、单/双动扳机设计，以15发可拆式弹匣供弹，保险制及弹匣释放钮左右两面皆可操作。M9手枪配发M12手枪套（伯莱塔UM84手枪套系统中的一部分），但亦有士兵采用其他手枪套。M9手枪的套筒座包括握把都是由铝合金制成的，不过为了减轻枪的重量，握把外层的护板是木质的。在保险装置上，不再是过去的按钮式，而是变成了摇摆杆。扳机护圈的增大，即便是戴上手套扳动扳机也非常顺手。

M9手枪的显著特点是天窗式套筒设计、枪管下方锁定枪机组件的使用和击锤跌落保险。

M9手枪与弹匣

M9手枪分解图

SIG P220手枪

SIG P220手枪有许多创新的特点，其中之一就是简化了勃朗宁发明的延迟后坐闭锁方式，只用套筒的抛壳口直接与弹膛的外部的闭锁块配合来进行闭锁，而不需要专门在枪管上增加闭锁凸耳，在套筒内铣出闭锁沟槽来配合。该枪有空仓挂机柄，当弹匣内的枪弹打完之后，托弹板就顶起底把左侧的空仓挂机卡笋，使之卡入套筒的缺口，将套筒阻于后方位置。插入实弹匣后，用手压下空仓挂机，或将套筒稍向后拉并放回，都能使套筒复进成待发状态。

SIG P220手枪的底把材料为铝合金，表面做哑黑色阳极化抛光处理，铝底把在当时来说是较为少见的设计，可减轻手枪的重量。套筒是由一块2毫米厚的钢板冲压成一个上盖的形状，再通过电焊把整个枪口部接上，经回火后钻孔，再用机器做深加工。击锤、扳机和弹匣扣均为铸件，而分解旋柄、待击解脱柄和空仓挂机柄均为冲压钢件，枪管是用优质钢材冷锻生产。握把侧片的材质是塑料，复进簧则是缠绕钢丝制成。枪机体用一根钢销固定在套筒尾部。

SIG P220手枪及弹匣

SIG P220手枪不完全分解图

MP-443手枪

MP-443手枪的主要部分（包括不锈钢制枪管，以及碳钢制底把套筒座和套筒）由金属制成，而握把护板则由聚合物所制造，可单动发射也可双动式发射。在握把上方左右两侧成对配置手动保险杆，左右手均可操作。手动保险杆推向上方位置为保险状态，不仅锁住扳机和阻铁，也锁住击锤和套筒。枪管后端装有卡铁，该卡铁为一独立件，便于加工。复进簧导杆与空仓挂机轴装在枪管后端的下方，空仓挂机扳把设在套筒左侧。MP-443手枪的击锤部分隐藏在套筒内，以防止在拔出手枪时被衣服和装备所缠绕，弹匣释放按钮的位置在扳机护圈的后部，准星固定在套筒上，而且是不可调节的，而照门通过套筒顶端尾部的燕尾槽装上，可以调整风偏。这两件瞄准装置上具有黑白对比的元素。

MP-443手枪及弹匣

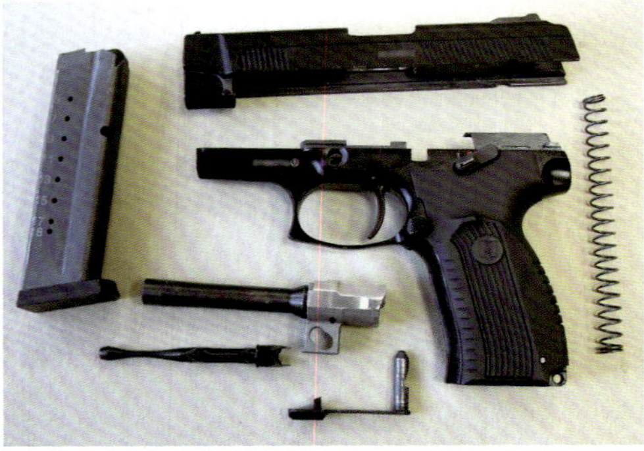

MP-443手枪不完全分解图

■ 作战能力对比

M9手枪

M9手枪的维修性好、故障率低，据试验，该枪在风沙、尘土、泥浆及水中等恶劣战斗条件下适应性强，其枪管的使用寿命高达10000发。M9手枪参与了美军的数十次战争，包括在科索沃、波斯尼亚、索马里、海地、波斯湾、巴拿马的战争等，在这些战争中，美军对M9手枪的表现赞不绝口。

但是在阿富汗、伊拉克战场上的高频率使用中，M9手枪曾出现过簧力不足的故障。正如许多专家所说，世界上没有无故障的手枪，只有故障率较低的手枪，“世界第一手枪”也是如此。值得注意的是，这一故障在当年美军定型M9手枪的严格试验中却没有被发现，这为各国大容量手枪弹匣设计时采用高强度弹簧提供了有益的借鉴。除了托弹簧力不足的故障外，M9手枪的15发弹匣压满子弹后，因托弹簧压缩到底后弹力变弱，致使最上面一发子弹不能到位，这样的弹匣装入枪内，拉套筒后向前，将推不到最上面的子弹，此故障在实战中也较为可怕。

美国士兵手持M9手枪进行射击训练

正在使用M9手枪的美国士兵

SIG P220手枪

SIG P220手枪是公认的世界名枪，性能出众，整体设计严谨、精确，人机功效好，射击精度高。为了减轻重量、降低成本，其枪架尽可能使用金属冲压和铝制品制成，制作、抛光标准极为严格，脏物及灰尘很难进入枪内，不易阻塞，并且极易拆卸和维护。由于P220手枪的保险机构非常可靠，故干脆取消手动保险装置，只使用一个待击解脱柄，这种设计虽然不是SIG公司的首创，但在P220之前极少有。

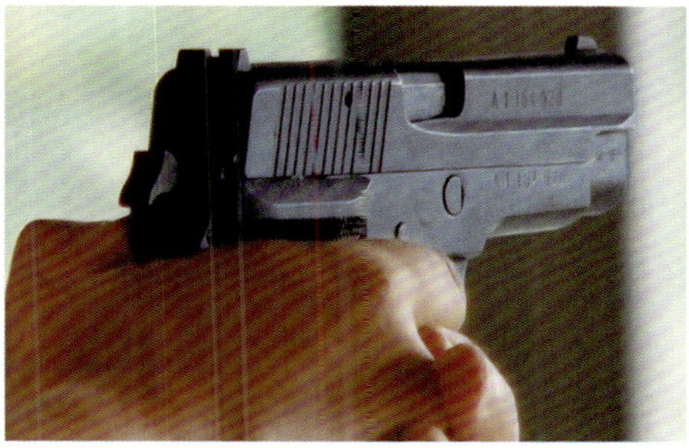

手持状态下的SIG P220手枪

SIG P220手枪前侧方特写

MP-443手枪

MP-443手枪的设计符合人体工程学，具有高度可靠性。该枪不仅能够发射多种9×19毫米北约口径子弹，还能发射俄罗斯所研制的7N21高压子弹。7N21是一种具有回火钢芯的穿甲子弹，各方面性能介于9×19毫米鲁格弹和俄制7N31子弹之间，包括枪口能量和穿甲威力等。

MP-443手枪上方视角

MP-443手枪后侧方特写

2.3 别具一格：美国鲁格P85 VS 奥地利格洛克17 VS 捷克CZ 83

鲁格P85手枪、格洛克17手枪与CZ 83手枪都属于现代名枪，在制造时间上比较接近。鲁格P85手枪的特点是主要从结构设计出发，从口径到全枪重量都有自己的特点，也正因为它的独特，许多国家制造手枪都会拿儒格P85进行参考。格洛克17手枪的特点主要是在制造材料方面。该枪大量采用工程塑料，是当今世界上采用塑料件最多的手枪，如此一来，不仅使手枪的造价低廉、手感好，而且重量也有了突破性减轻。CZ 83手枪是捷克斯洛伐克著名枪械设计师“库斯基”兄弟的代表性作品，该枪改自当时集世界名枪优点于一身的CZ 75手枪，凭借着精巧的布局、合理的人机工效以及能够实施转换套件的设计思想，CZ 83手枪同样跻身世界名枪之列。

鲁格P85手枪

CZ 83手枪

格洛克17手枪

基本参数对比

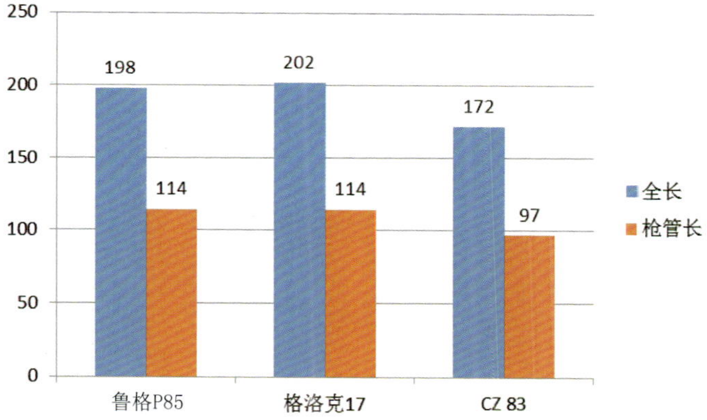

枪体尺寸大小对比（单位：毫米）

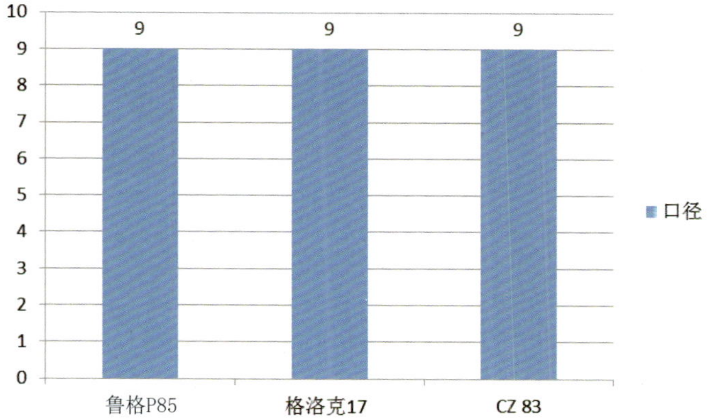

口径大小对比（单位：毫米）

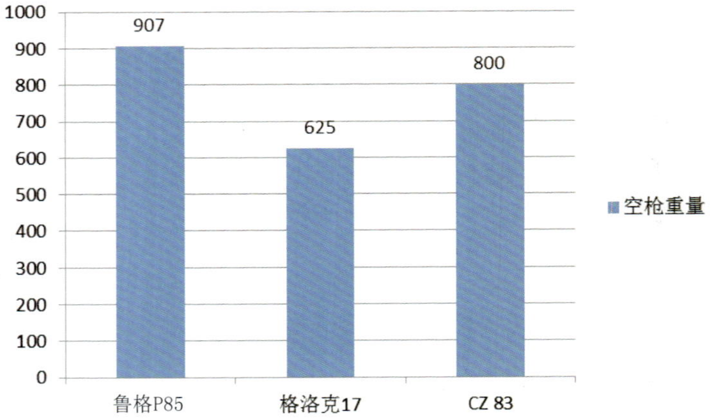

空枪重量对比（单位：克）

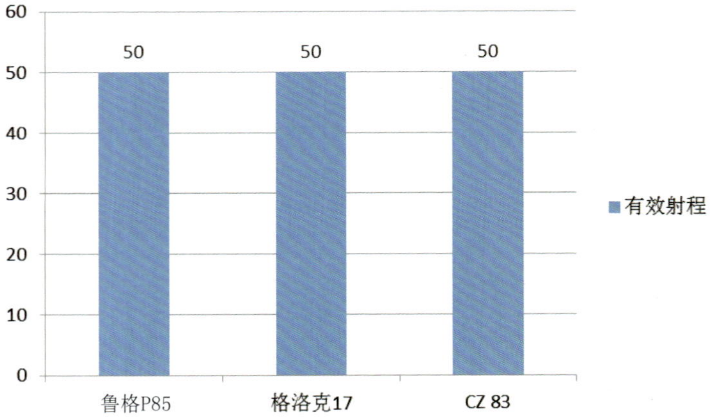

有效射程对比（单位：米）

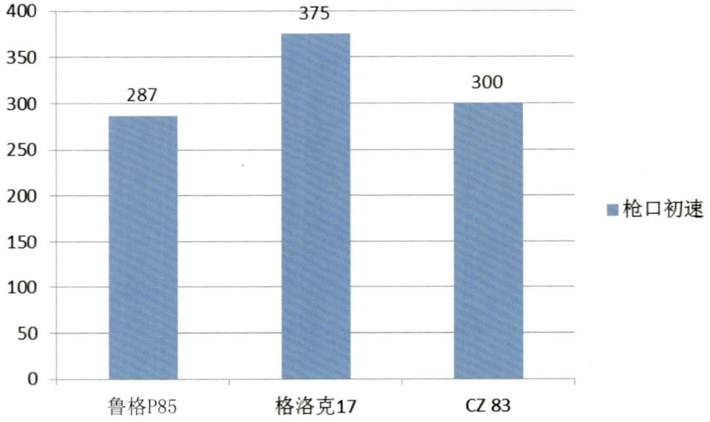

枪口初速对比（单位：米/秒）

制造背景概述

鲁格P85手枪

20世纪80年代末，美国有一个新型手枪选会备受世界关注，一些世界著名的军火公司，例如伯莱塔公司、柯斯达公司、史密斯公司都拿出了自己最好的手枪参选，鲁格公司也拿出了P85手枪，虽然最终没有被选上，但不得不承认鲁格P85手枪是一款性能优秀的武器。

鲁格P85手枪上方视角

鲁格P85手枪右侧方特写

格洛克17手枪

格洛克17手枪应奥地利陆军的要求而研制，用以取代瓦尔特P38手枪。1983年成为奥地利陆军的制式手枪，并被命名为P80。格洛克17手枪目前已经发展成为具有4种口径、8种型号的格洛克手枪族，并被40多个国家的军队和警察装备使用。尤其在美国，它占据了40%的警用自动手枪市场。格洛克17手枪经历过4次不同程度的修改，第四代格洛克17手枪的套筒上有Gen4字样。2010年，新推出的格洛克17手枪大大增强了人机工效，并采用双复进簧设计，以降低后坐力和提高枪支寿命。

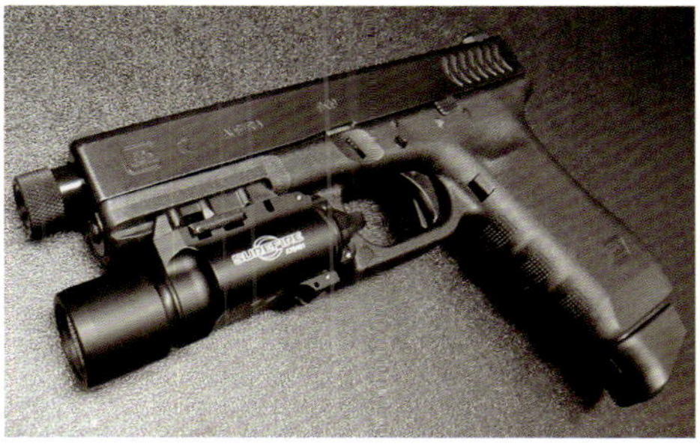
黑色涂装的格洛克17手枪

格洛克17手枪上方视角

捷克人对枪的钟爱，造就了一对枪械设计天才，他们便是“库斯基”兄弟。20世纪70年代“库斯基”兄弟推出了一款集世界名枪优点于一身的CZ 75型9毫米双动手枪。此后又衍生出了CZ 85、CZ 97B、CZ 85B、CZ 83、CZ 100等各种型号，而其中的CZ 83是最具有代表性的产品。

CZ 82手枪（上）与CZ 83手枪（下）

CZ 83手枪及弹匣

枪体构造对比

鲁格P85手枪

鲁格P85手枪结构简单，全枪只有56个零件，而且没有复杂的零件，分解、组合十分方便。该枪准星为刀形，靠两个横销固定在套筒上，方形缺口照门与套筒滑动过盈配合，如遇风偏影响，照门可做横向移动进行修正，射手可快速发现目标，并获得正确的瞄准图像。该枪的套筒与不锈钢枪管牢固地结合在一起，然后两者一起后坐，后坐一段距离后，枪管从其锁定位置开始向下浮动，而套筒继续后坐并完成抽壳和抛壳过程。

鲁格P85手枪及弹匣

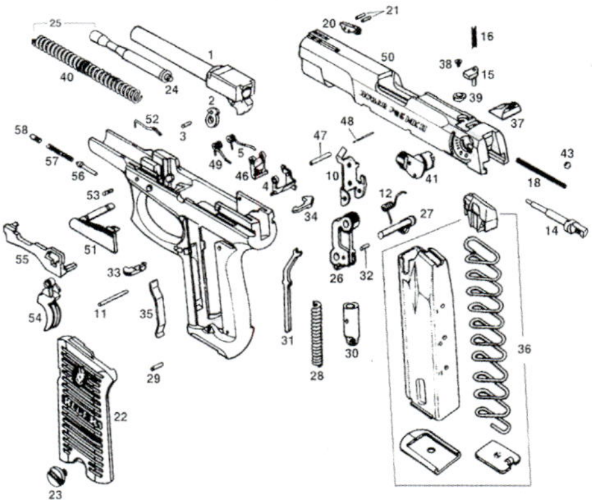

鲁格P85手枪分解示意图

格洛克17手枪

格洛克17手枪采用勃朗宁手枪式的枪管偏移式开闭锁结构，借助枪管外面的矩形断面螺纹与套筒啮合连接。该枪的另一个显著特点是扳机保险装置和击发装置。扳机机构类似双动扳机，预扣扳机5毫米行程后，锁定的击针被解脱，呈待击发状态；再扣2.5毫米行程就能释放击针打击底火，而且扳机力可根据需要在19.6～39.2牛之间调整。由于有击针锁定保险，所以枪外部没有常规的手动保险机柄。格洛克手枪扳机保险装置的优点很多。首先是它使用简便，扣压扳机就能击发，手指离开扳机就能自动处于保险状态；第二是每次击发的扳机力都是一样的；第三是假如手枪掉在地上或者从射手手中脱落，扳机保险装置能自动地处于保险状态，以避免走火事故的发生。

2010年开始，为了大大提高人机工效，新推出的格洛克17手枪采用了新纹理，握把由粗糙表面改为凹陷表面，握把略为缩小，由过往不能更换改为可以更换握把片（分别是中形和大形，亦可以不装上握把片直接使用），以调整握把尺寸，更适合不同的手形。套筒内部的复进簧改为双复进簧式设计，大大降低了后坐力和提高了全枪的寿命。为了适应双复进簧式设计，套筒下的聚合物枪身前端部分较前一代格洛克17略为加宽。另外改进了弹匣，以便左右手皆可以直接按下加大化的弹匣卡笋以更换弹匣，亦可以与旧式弹匣共用，但只可以用右手按下弹匣卡笋以更换弹匣。

格洛克17手枪及组件

格洛克17手枪分解图

CZ 83手枪

CZ 83手枪的机械结构比较简单，与德国的瓦尔特PP手枪类似，它的枪管是固定在枪身基座上的，复进簧直接绕在枪管上再与滑套结合。该枪无任何闭锁机构，仅以单纯的反冲原理完成退壳与上弹程序。CZ 83使用双动扳机，当子弹上膛后，击锤回复原位，此时扣动扳机即能使击锤升至待发顶点，再释放击锤击发子弹，它同时具备单动扳机的功能。该枪在枪身两侧装有击锤保险，这使射手在左手使用枪时能以拇指控制保险钮。当击锤保险关闭时，则弹匣无法插入，这能提醒射手注意保险钮的位置。CZ 83还有分解保险，当弹匣未取下时，分解不开手枪。它的扳机护圈较大，便于射手戴手套时射击。套筒两侧经过抛光处理，但顶部未抛光，以防止瞄准时反光。

CZ 83手枪不完全分解图

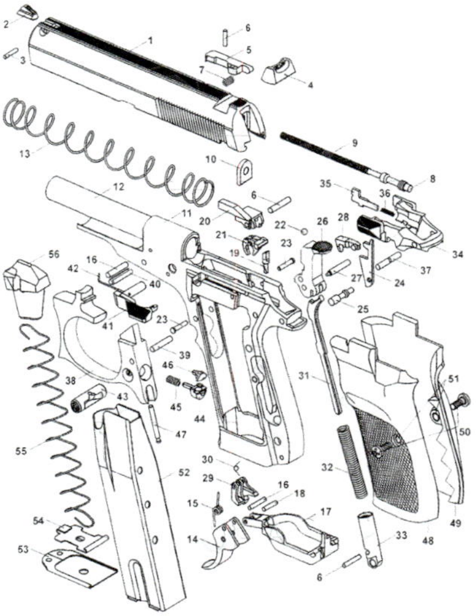

CZ 83手枪分解示意图

■ 作战能力对比

鲁格P85手枪

鲁格P85手枪结构简单，耐用性好，经测试，使用该枪发射20000发子弹，枪械受力件没有出现破损，同时结构内部的运动件也没有出现明显的磨损痕迹。

枪盒中的鲁格P85手枪

鲁格P85手枪、弹匣及子弹

格洛克17手枪

格洛克17手枪及其衍生型都以其可靠性著称。因为坚固耐用的构造和简单化的设计，它们能在一些极端的环境下正常运作，并且能使用相当多种类的子弹，更可改装成冲锋枪。而且它们的零件也不多，因此维修相当方便，也因为发射的舒适性而增加人气（枪管相对较靠近握把，所以不需太大握力，也能减少后坐力）。和所有格洛克手枪一样，格洛克17手枪有三个安全装置，但格洛克公司同时也推出了手动保险版本。由于其内部结构设置也比较合理，射击时容易控制武器，据报道，美国警察使用该枪后，整体射击成绩提高了20%。

士兵手持格洛克17手枪执行任务

格洛克17手枪采用的战术配件

CZ 83手枪

CZ 83手枪的人机工效好，握把设计以人体工程学为基础，发射机构采用的是双动原理，使用简便快捷。其弹药通用性也好。转换套件的设计思想，使该枪能够发射多种型号的枪弹，简化了后勤保障及武器对枪弹口径的依赖性。

手持状态下的CZ 83手枪

CZ 83手枪上方视角

2.4 左轮代表：美国“蟒蛇”VS 俄国/苏联/俄罗斯纳甘M1895

“蟒蛇”手枪被誉为世界上最好的左轮手枪之一，令人信赖的可靠性、比赛级的射击精度、华丽的表面处理，使“蟒蛇”手枪在刚推出不久就受到民间爱好者的青睐，并迅速进入执法机构市场。“蟒蛇”手枪的美学设计也受到推崇，它的风格特征被许多其他枪厂所效仿，尤其是全长的枪管下凸耳设计，但这些效仿者们始终不能像“蟒蛇”那样集美观和优异性能于一体并受到追捧。提起左轮手枪，俄国/苏联/俄罗斯的纳甘M1895手枪的地位等同于美国的“蟒蛇”手枪。尽管在外形上纳甘M1895手枪并不如“蟒蛇”手枪华丽，但凭其特殊的气体密封式设计为它实现了在苏联/俄罗斯被崇拜的地位，在20世纪30年代，若被赠予一支刻有红星的纳甘M1895手枪，可以说是作为苏联共产党党员的最高荣誉。

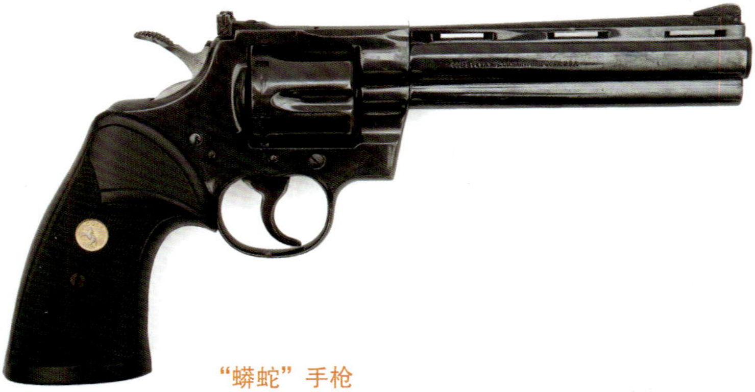

“蟒蛇”手枪

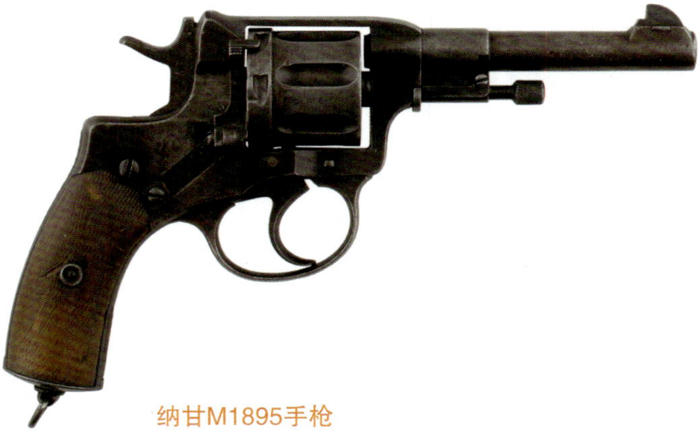

纳甘M1895手枪

基本参数对比

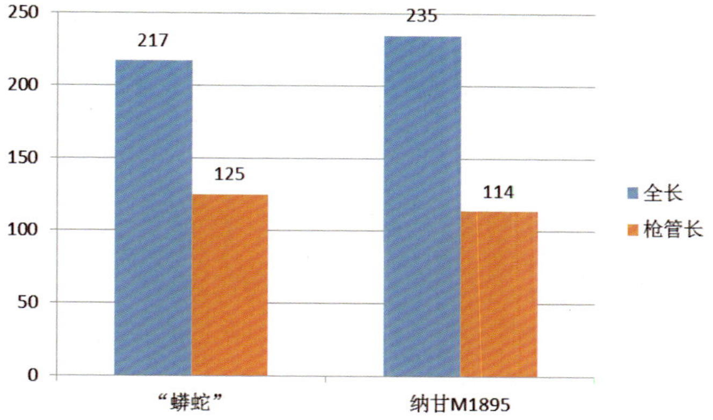

枪体尺寸大小对比（单位：毫米）

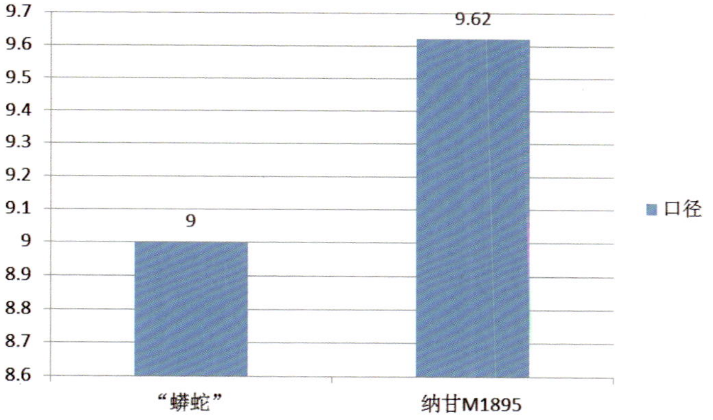

口径大小对比（单位：毫米）

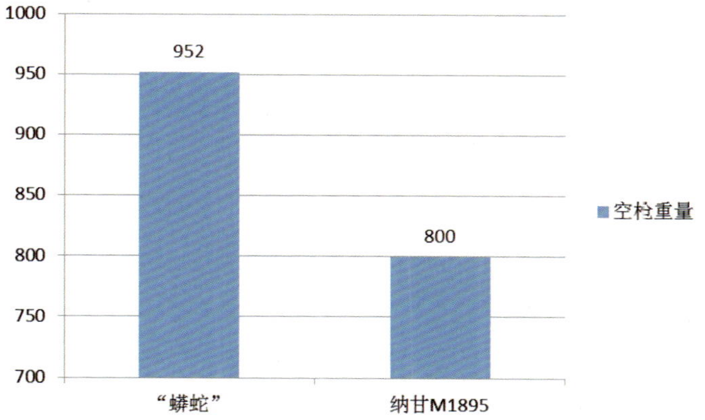

空枪重量对比（单位：克）

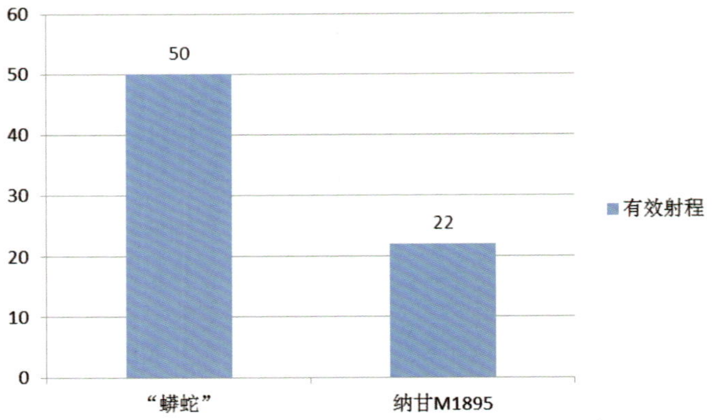

有效射程对比（单位：米）

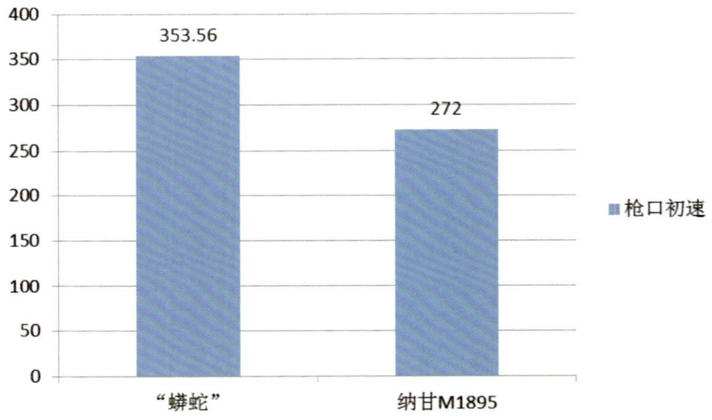

枪口初速对比（单位：米/秒）

■ 制造背景概述

“蟒蛇”手枪

“蟒蛇”手枪于1955年推出。柯尔特公司在设计“蟒蛇”的时候，最初的想法是准备把该手枪设计为一种加强型底把的9.65毫米口径特种单/双动击发的比赛级转轮手枪，结果由于偶然的决定，最后造就了一支以精度和威力著称的9毫米口径经典左轮手枪。由于其他主攻左轮手枪公司（如美国史密斯–韦森公司）的实力也不弱，并设计出了更优秀的左轮手枪，致使“蟒蛇”手枪销量开始下降，于是柯尔特公司于1999年10月宣布停止量产该手枪，不过还是有一些小批量的生产，导致订货枪店的销售价格特别高。 2005年，这种限量生产也终止了。想要收藏这种经典左轮手枪的人只能购买二手枪，或向枪厂高价订购。

“蟒蛇”手枪上方视角

“蟒蛇”手枪及子弹

纳甘M1895手枪

纳甘M1895是由比利时工业家莱昂·纳甘为沙皇俄国所研发的7发双动式左轮手枪，曾在欧洲受到多国的重视，比利时、瑞典、挪威等国都曾先后大量采购或生产该枪。至今，纳甘M1895仍然被俄罗斯铁路警察、联邦法警局和一些私人保安部队所使用。

纳甘M1895手枪及子弹

展览中的纳甘M1895手枪

枪体构造对比

“蟒蛇”手枪

“蟒蛇”手枪是一种双动击发手枪，但也能用手扳下击锤进行单动射击，弹巢向左侧摇出进行退壳和装填。击发机构可以根据用户的需求由柯尔特专门店或专业枪匠进行调整，使扳机扣力更轻柔。最初的目的是要设计一种特别坚固的手枪，所以“蟒蛇”手枪的设计是在一个.41口径左轮手枪底把的基础上进行的，因此该枪特别坚固和耐用，底把内有保险装置和柯尔特专利的左轮定位器（当击锤待击时固定左轮）。标准的“蟒蛇”手枪采用胡桃木握把，而警用型多为带手指凹槽的橡胶握把，虽然橡胶握把的外形不如胡桃木握把那般经典漂亮，但手感好，而且有助于控制后坐力。

“蟒蛇”手枪的表面处理极好，最初有皇家蓝色和镀光亮镍两种颜色，之后又推出了不锈钢版本。“蟒蛇”手枪的枪管是螺接进底把的，枪管上面有一个斜坡形的肋条，根据枪管长度的不同，肋条下与枪管外壁之间分别有1～4个排气孔式的长形孔洞，这样的设计是为了防止大量射击后枪管表面的热气影响瞄准视野。在枪管下面有一直延伸到枪口端面的枪管下凸耳，枪管下凸耳里面挖空，因此该枪重量并不大，退壳杆收容在枪管下凸耳中。

“蟒蛇”手枪的扳机在完全扳上时，弹巢会闭锁以便于撞击子弹底火，在弹巢和击锤之间相差的距离较短，使扣下扳机和发射之间的距离缩短，以提高射击精度和速度。

加装瞄准镜的“蟒蛇”手枪

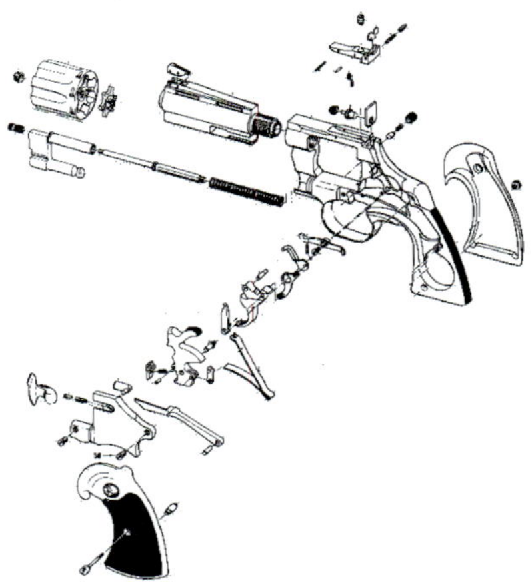

“蟒蛇”手枪分解示意图

纳甘M1895手枪

与大部分左轮手枪的运作原理不同，一般非气密式左轮手枪在弹巢与枪管之间有一条小空隙以令弹巢能够顺利转动，带动下一个装填的膛室准备击发。弹头经过这个空隙或许会导致射击精确度下降，此空隙还会导致高压及高温的气体在弹头尚未离开枪管前，由此处逸出。纳甘M1895手枪采用了特殊的气体密封式设计。在手枪的击锤被拉低后其弹巢会向前移动，同时也封闭了弹巢与枪管之间的空隙，增加了子弹的初速，并容许武器能够被消音，这种功能在一般的左轮手枪中并不常见。有别于一般的子弹，纳甘M1895手枪所使用的7.62×38毫米的弹头是位于弹壳里面的，而弹壳顶部的缺口的直径亦略有减少。纳甘M1895手枪的枪管后部具有一个短小的圆锥形部分，这是用来对应弹药顶部的缺口，以完成气密式的作用。

纳甘 M1895手枪转轮特写

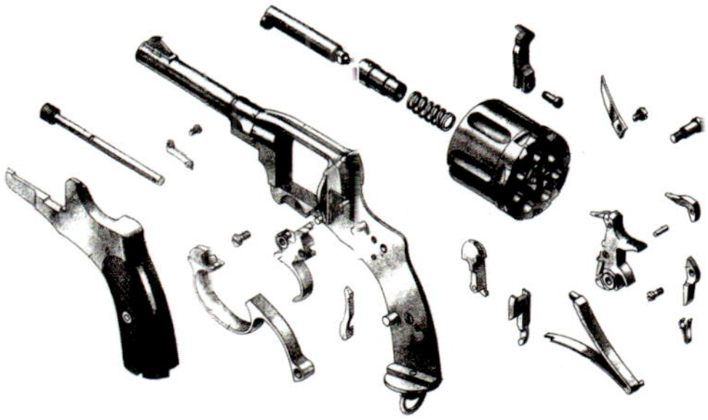

纳甘 M1895手枪分解示意图

作战能力对比

手持状态下的“蟒蛇”手枪

“蟒蛇”手枪及组件

“蟒蛇”手枪

“柯尔特左轮手枪中的劳斯莱斯”，历史学家R. L. 威尔逊曾如此来形容“蟒蛇”手枪，而枪械历史学家伊恩·V. 霍格也曾经形容过它是“世界上最佳的左轮手枪”。不过，“蟒蛇”并不是没有缺点，例如因过分追求射击精准度，它采用了在持续射击过后就会比较“迟钝”的设计。这种设计在某些条件下，不仅弹巢会因为强迫击锤活动而不能够精确对准及射击，而且有时射手可能会不能发射，从而导致被燃烧中的火药烧伤。

纳甘M1895手枪

纳甘M1895手枪使用7.62×38毫米R弹，选择7.62毫米口径是为了可以简化生产机器，以便于生产与莫辛-纳甘步枪发射的7.62×54毫米步枪弹相同直径的弹头。纳甘M1895手枪参加的战争非常多，即便在拥有更加先进的现代化手枪的二战时，依然有部分军人装备该手枪，而且苏联的一些侦察士兵还使用了加装消音器的纳甘M1895手枪。

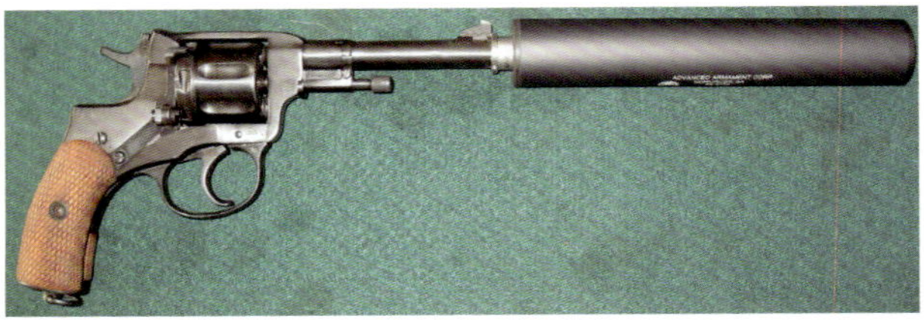

加装消音器的纳甘M1895手枪

纳甘M1895手枪及枪套、子弹

2.5 大威力比拼：以色列“沙漠之鹰”VS 美国/比利时 FN M1935

“沙漠之鹰”手枪的大威力是世界公认的，其彪悍的外形、并非任何人都能控制的发射力量，是任何小巧玲珑的战斗手枪所不能替代的。“沙漠之鹰”的枪口、枪口焰都十分大，这个设计特别是对持枪者而言，在自卫的时候十分有利，能够让对方暂时性失明。尽管“沙漠之鹰”手枪的性能超出一般的战斗手枪，但它并没有用于军事市场，其原因在于它的重量大，后坐力也大，曾有试枪员戏称“只有体重达到80千克的人才能正常使用它”。

与“沙漠之鹰”手枪不同，FN M1935手枪虽然也有“大威力手枪”之称，却被多国的军警所装备。FN M1935手枪被命名为“大威力”（Hi-Power）的意思是指该枪所采用的可拆卸式双排弹匣的容量是13发，再加上膛内的1发，几乎是当时同时代设计的其他手枪弹容量的两倍。该枪还是枪械历史上第一种高载弹手枪。FN M1935手枪现在仍有其存在价值。它以强大而可靠的能力经受住了战场上的磨砺，而其使用的9毫米子弹，时至今日也仍被世界广泛使用。

“沙漠之鹰”手枪

FN M1935手枪

基本参数对比

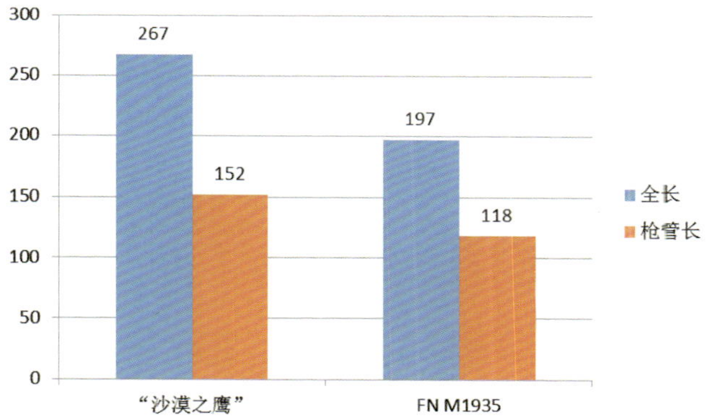

枪体尺寸大小对比（单位：毫米）

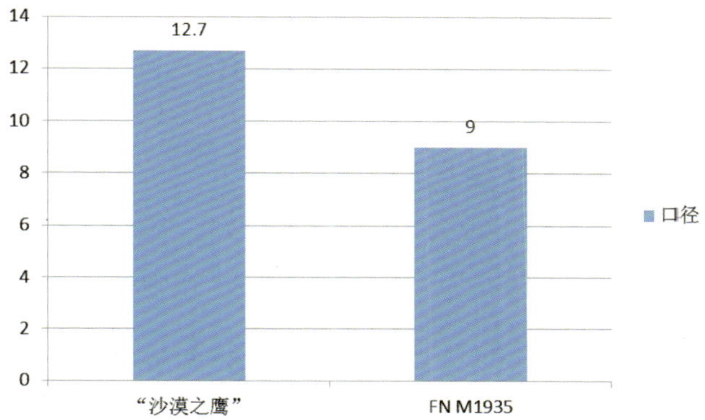

口径大小对比（单位：毫米）

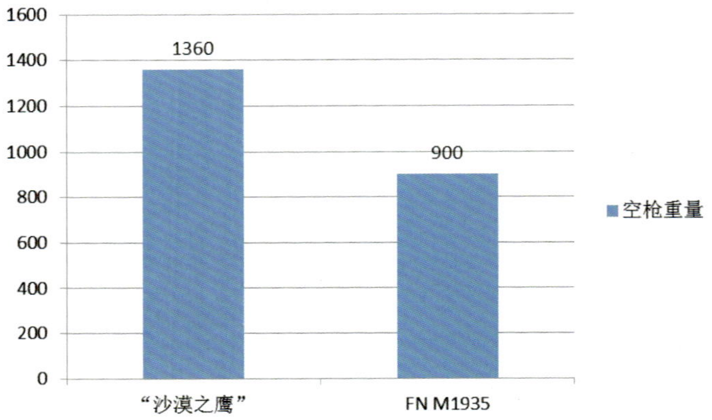

空枪重量对比（单位：克）

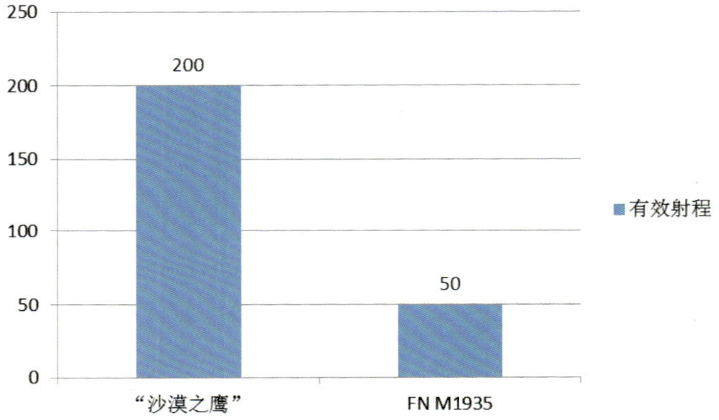

有效射程对比（单位：米）

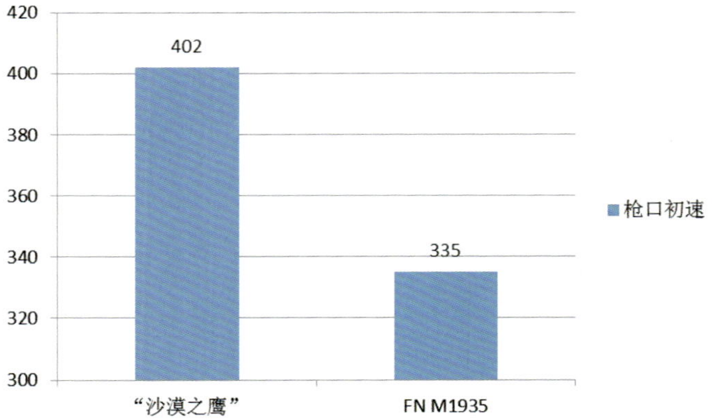

枪口初速对比（单位：米/秒）

制造背景概述

“沙漠之鹰”手枪

1979年，在美国明尼苏达州明尼阿波利斯附近刚组建成的马格努姆研究所计划推出一种能射击.357马格努姆子弹的新型手枪，其主要功能为打靶或打猎等，并将此计划称为“马格努姆之鹰”。公司创办人兼枪械工程师B. 怀特（B. White）负责主持技术细节和开发作业，最终于1981年推出最早“沙漠之鹰”的原型枪，1982年公布消息并于1983年得到其设计专利。

由于当时的技术还不完善，该枪在供弹系统上存在许多问题，加上生产商的资金和技术实力薄弱，为弥补这些缺陷并将此枪更加推向市场，马格努姆研究所便寻求与国内外大公司合作。最后由以色列军事工业（IMI）接手改良，经过反复试验和不断改进，于1985年得到了目前的“沙漠之鹰”手枪设计专利，并于1989年进行了标准化定型。

“沙漠之鹰”手枪前侧方特写

“沙漠之鹰”手枪与子弹

FN M1935手枪

20世纪初期，法国陆军要求FN公司帮助设计一款大威力手枪。领取该任务后，FN公司将其转交于在本公司就职的美国枪械设计师约翰•勃朗宁。随后勃朗宁在美国一个工作室里开始了新枪的设计，短短几十天的时间，便设计出了两种型号的手枪。其中后设计出来的那一种就是M1935的原型，FN公司对这支枪表现出了浓厚的兴趣。几经修改后，该枪于1929年定型，最先在1935年被比利时军队采用，并命名为FN M1935（也称为勃朗宁P-35）。

FN M1935手枪侧方特写

FN M1935手枪上方视角

枪体构造对比

“沙漠之鹰”手枪

“沙漠之鹰”为一种大且重的手枪，气动的机械结构使得此枪的体积与重量都超出一般手枪。枪本身连空弹匣就已有1.9千克。枪管采用固定式固定于枪管座上，在近枪口处和膛室下方跟枪身连接。由于枪管在射击时并不会移动，理论上有助于射击的准确度。因枪管为固定式，并在顶部有瞄准镜安装导轨，使用者可自行加装瞄准设备。套筒两侧均有保险机柄，枪支可左右手操作。

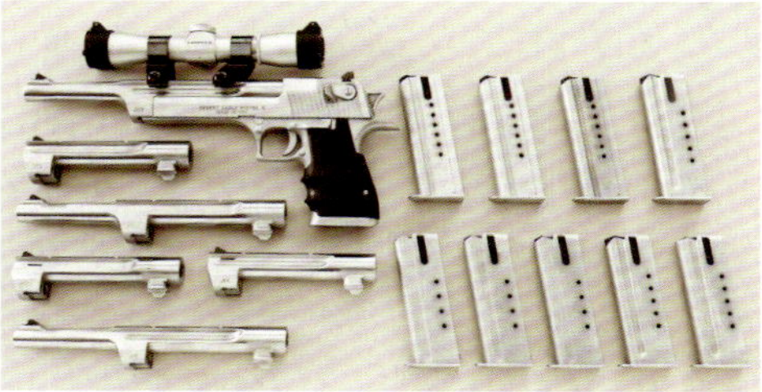

“沙漠之鹰”手枪及不同长度枪管与弹匣

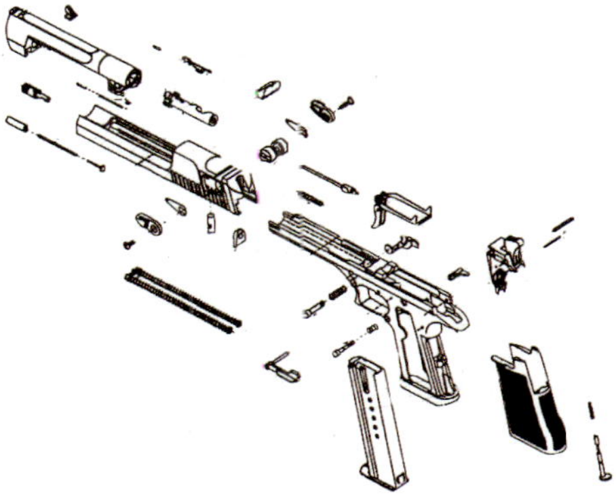

“沙漠之鹰”手枪分解示意图

FN M1935手枪

FN M1935手枪使用的是单动操作式设计，并且装上了手动保险机构。与现代的双动操作半自动手枪不同的是，它的扳机与击锤并没有联动关系，因此不能实现扣扳机待击。另外，大多数型号的M1935手枪都设计有空弹匣保险，当弹匣取出后，空弹匣保险会在保险簧的作用下推动扳机连杆向前，使扳机连杆顶部与阻铁杠杆头部错开，这样可使膛内有弹也不能击发，防止因为弹匣取下后由于疏忽而发生意外。

FN M1935手枪后侧方特写

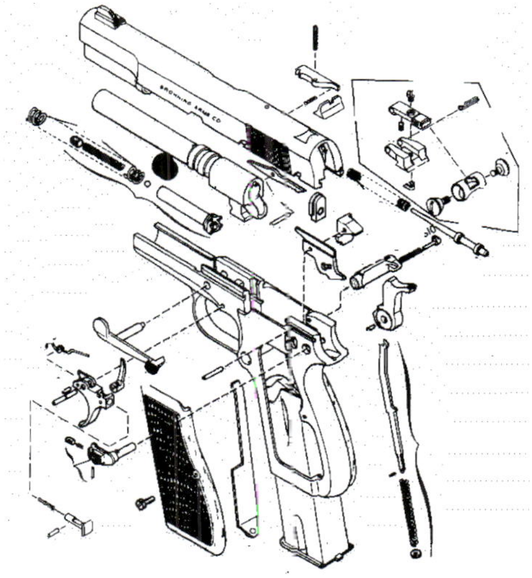

FN M1935手枪分解示意图

■ 作战能力对比

“沙漠之鹰”手枪

“沙漠之鹰”在射击时会产生很大的噪音，而且后坐力极大，故障率也较高。过高的杀伤力也是军方和警方对该枪的兴趣大大降低的原因之一，因为这样无论是对射手还是射手旁边的人都存在很大的安全隐患。

“沙漠之鹰”手枪发射时产生的火焰

“沙漠之鹰”手枪前侧方特写

FN M1935手枪

FN M1935手枪有着极其出色的人机工效，特别是操作性和指向性好。FN M1935是世界上第一种采用大容量可拆卸式双排弹匣的军用型手枪。其新设计的可拆卸式双排弹匣结构上为子弹双排左右交错排列，能够装填13发9×19毫米手枪子弹，容量增加为柯尔特M1911的1倍左右，作为一支军用型手枪而言是非常理想的。

FN M1935手枪前侧方特写

FN M1935手枪枪口特写

2.6 反恐先锋：德国HK USP VS 比利时FN 57

反恐作战是军事行动中颇具危险性和挑战性的任务之一，为了能够有效快速地制服恐怖分子，不仅要凭借指挥人员的精密部署，还要依赖性能优异的反恐作战装备。HK USP手枪是德国第一种专门为美国市场设计的手枪，它的基本设计理念是以美国民间、司法机构和武装部队的要求为依据，目前，该枪已被美国装备到其海关特别行动小组，深受好评，是反恐部队的重要装备之一。比利时制造的FN 57手枪因其发射的5.7毫米口径子弹能够轻易地贯穿防弹衣，因此自2000年服役至今，也被广泛应用到反恐战争中，曾参与2001年阿富汗战争、墨西哥毒品战争以及利比亚战争等。

HK USP手枪

FN 57手枪

■ 基本参数对比

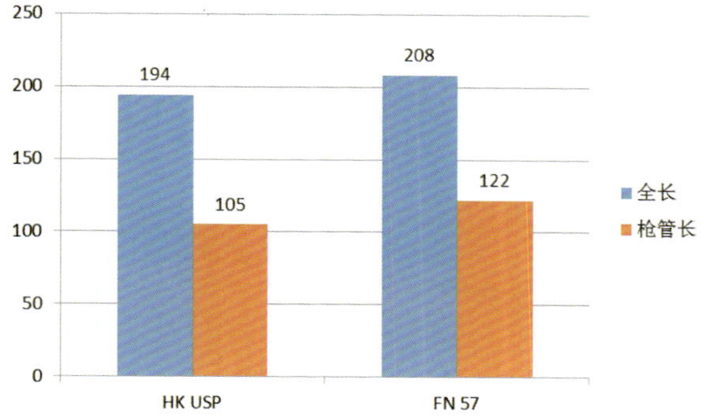

枪体尺寸大小对比（单位：毫米）

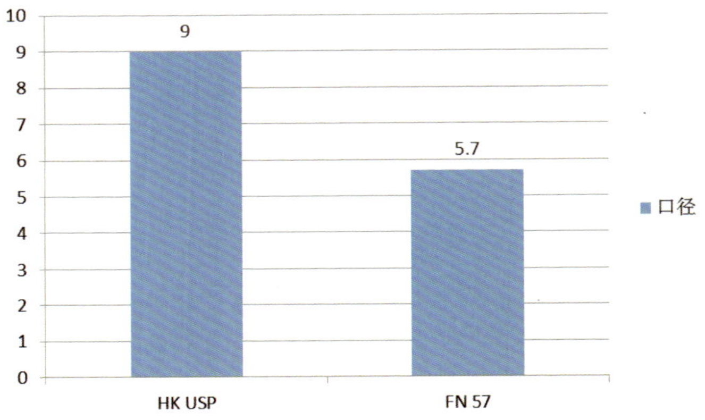

口径大小对比（单位：毫米）

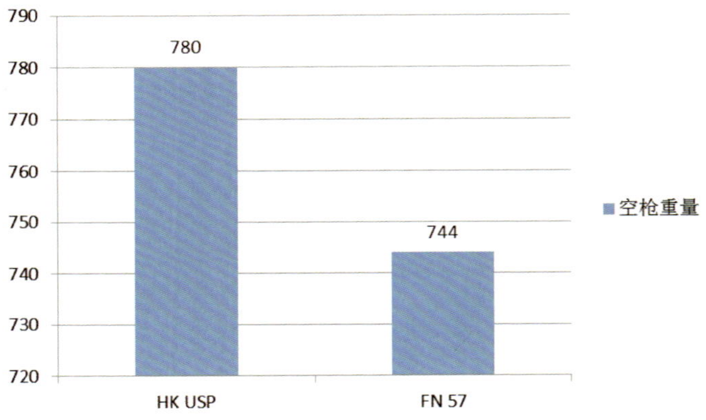

空枪重量对比（单位：克）

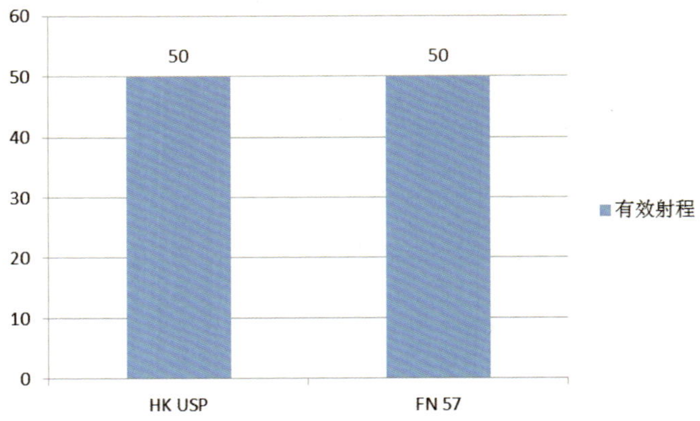

有效射程对比（单位：米）

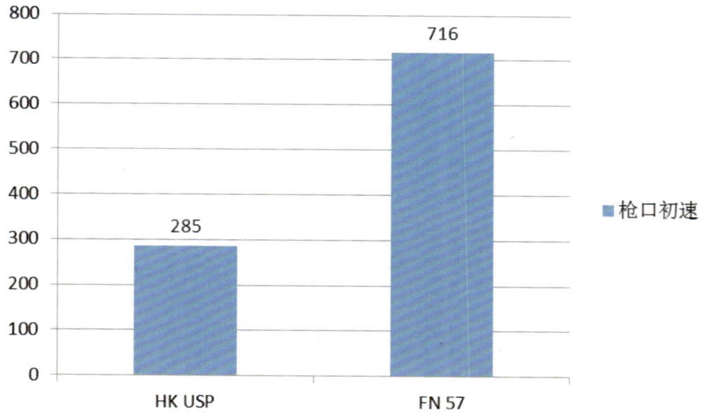

枪口初速对比（单位：米/秒）

制造背景概述

HK USP手枪

20世纪中后期，德国枪械公司黑克勒-科赫（HK）公司先后推出了不少性能优秀的手枪，例如HK4、P7和P9S手枪等。这些手枪占据了德国军警大部分市场，也为HK公司带来了大量的收入。但是该公司并没有得意忘形，反而是静心"修炼"以便设计出更好的手枪。另一方面，20世纪90年代，手枪开始偏向轻量化，采用聚合物料。于是，HK公司为了能跟上潮流，抢占市场，推出了HK USP手枪。HK USP手枪的诞生代表着HK公司首次吸收了许多传统的手枪设计元素，例如约翰·勃朗宁的M1911手枪。

HK USP手枪与弹匣

HK USP手枪前侧方特写

FN 57手枪

SS190枪弹是FN公司于20世纪80年代所研发的一种新型手枪弹。为了将SS190枪弹推广，FN公司设计了一款发射该弹的冲锋枪——FN P90。但仅凭这一款枪械并不能让SS190枪弹成为小型枪械的主流用弹，所以FN公司一直在努力设计发射该子弹的新型枪械。进入21世纪后，比利时军队的后勤人员和警务执法人员需要一款小口径、便于携带的手枪，作为自卫武器使用。得知此消息后，FN公司立刻以SS190子弹为基准，设计出了FN 57手枪。

FN 57手枪与子弹

FN 57手枪及配件

■ 枪体构造对比

HK USP手枪

HK USP手枪采用经改进的勃朗宁手枪的机构作为基本结构，由枪管、套筒座、套筒、弹匣和复进簧组件5个部分组成，共有53个零件。其滑套是以整块高碳钢加工而成的，表面经过高温和氮气处理，具有很强的防锈和耐磨性。该手枪的枪身由聚合塑胶制成，为避免滑套与枪身重量分布不均，在枪身内衬了钢架降低重心，以增强射击稳定性。HK USP手枪的另一个与众不同之处是可以选用多种不同型式的扳机机构，即传统的双动/单动型、没有手动保险的双动/单动型、有手动保险的双动型、简化的双动型扳机。

该枪采用缺口式照门和片状准星。照门可调风偏，准星可调高低。瞄准具上有3个白色亮点，也可选用带氚光点的瞄准具用于夜间瞄准，还可配用激光瞄准具。

HK USP手枪内部构造图

HK USP手枪不完全分解图

FN 57手枪

FN 57手枪采用延迟后坐式自动方式，射击时，枪管与套筒一起后坐，但枪管在枪弹的摩擦力下向前脉冲。随着弹头射出，枪管的摩擦力消失，套筒后坐一段短行程后停止。其扳机机构非常特别，扣动扳机时，首先装载击针簧，然后释放击针。除非扣动扳机，否则击针不会受到任何压力，因此该枪没有保险装置。FN 57手枪使用比普通手枪更长的枪弹，但握把设计很适合。还有一款FN 57战术型手枪，采用单动扳机系统，并增加了保险装置，主要供执法部门使用。

以往的聚合物或者非金属手枪，只在套筒座、弹匣及其他非主要受力部件上使用非金属材料，而套筒的运动速度很高，需要承受猛烈撞击，因此都是采用优质钢材。但FN 57手枪通过精心设计，首次在手枪套筒上成功采用钢-塑料复合结构。另外，该枪的击针室用机械加工，用固定销固定在支架上，外面覆上高强度工程塑料，然后表面再经过磷化处理。这种做法既减轻了手枪的重量，又保证了部件的强度要求。

加装消音器的FN 57手枪

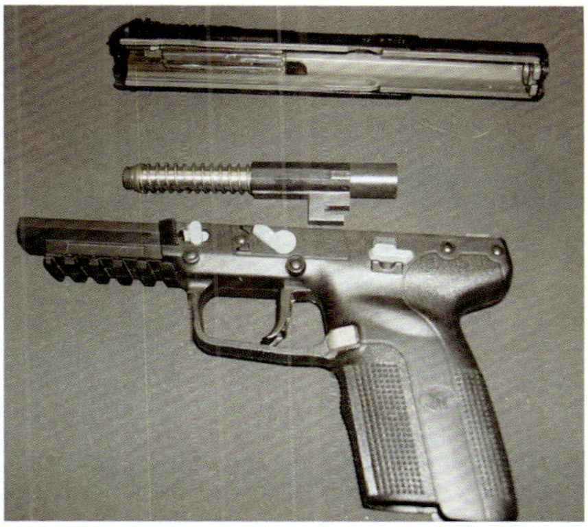
FN 57手枪不完全分解图

作战能力对比

HK USP手枪

HK USP手枪有多种口径，其中9毫米型号的载弹量为15发，10毫米和11.43毫米型号的分别为13发和12发。相较其他手枪而言，HK USP手枪有载弹量大的特点。该枪的结构合理、动作可靠，经过双重复进簧装置抵消后坐力，其快速射击时的精度也大大提高，而且还可加装多种战术组件，大大增强了在特殊环境下的作战性能。

手持状态下的HK USP手枪

加装战术附件的HK USP手枪

FN 57手枪

SS190弹由于弹壳直径小、重量轻，因此20发实弹匣的重量也只相当于9毫米手枪10发弹匣的重量。由于枪管较短，FN 57手枪发射SS190弹的初速比FN P90冲锋枪发射时要低，但仍高达716米/秒，有极好的穿透力，在有效射程内能击穿标准的防弹衣。

FN 57手枪前侧方特写

装备美国警察的FN 57手枪（持盾者）

第3章 步枪巅峰对决

步枪是步兵单人使用的基本武器，不同类型的步枪可以执行不同的战术使命。但步枪的主要作用是以其火力、枪刺和枪托杀伤有生目标。因此，在近战中解决战斗的最后阶段，步枪往往会起到重要的作用。

3.1 二战老兵：美国M1 VS 德国Kar98k VS 苏联/俄罗斯莫辛-纳甘

作为二战期间主要参战国陆军的主战武器，M1步枪、Kar98k步枪和莫辛-纳甘步枪，无论是它们的作战性能还是装备数量，都在当时军事发展历史中占据了主要的地位。M1“加兰德”由于性能好、产量高，曾被公认为是二战中最好的步枪之一。而作为德军二战期间广泛装备的制式步枪，大部分旋转后拉枪机式步枪几乎都是根据Kar98k步枪的闭锁机构设计改进而成的。莫辛-纳甘步枪在一战、二战中都有使用，值得一提的是，改装后的莫辛-纳甘步枪和Kar98k步枪还是二战期间苏德两国狙击手的主要武器，在狙击战中多次针锋相对。

M1“加兰德”步枪

Kar98k步枪

莫辛-纳甘步枪

基本参数对比

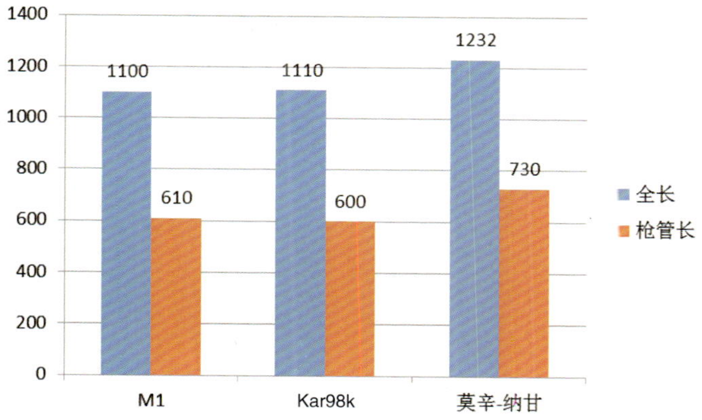

枪体尺寸大小对比（单位：毫米）

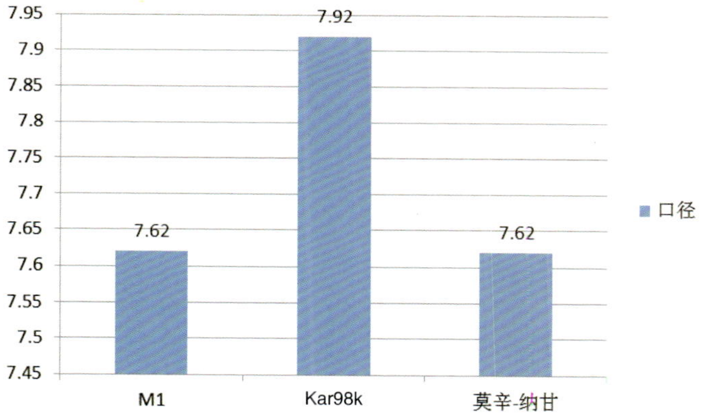

口径大小对比（单位：毫米）

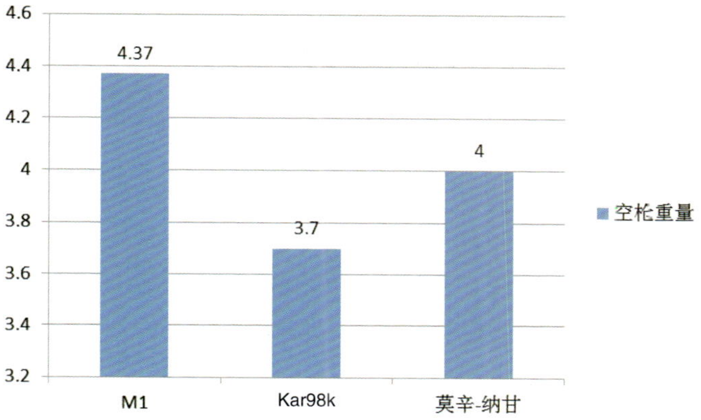

空枪重量对比（单位：千克）

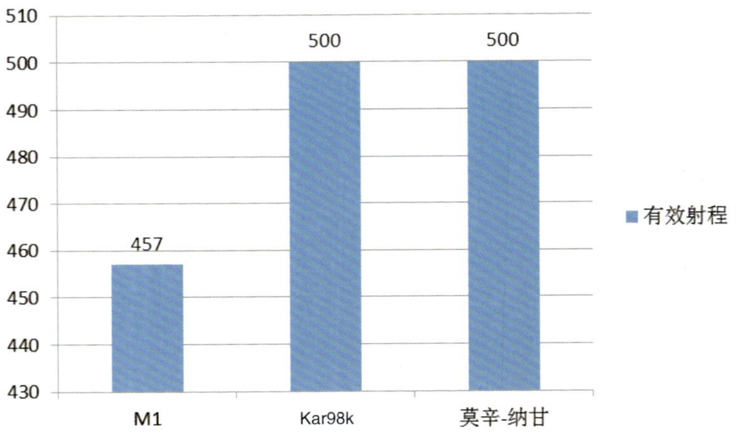

有效射程对比（单位：米）

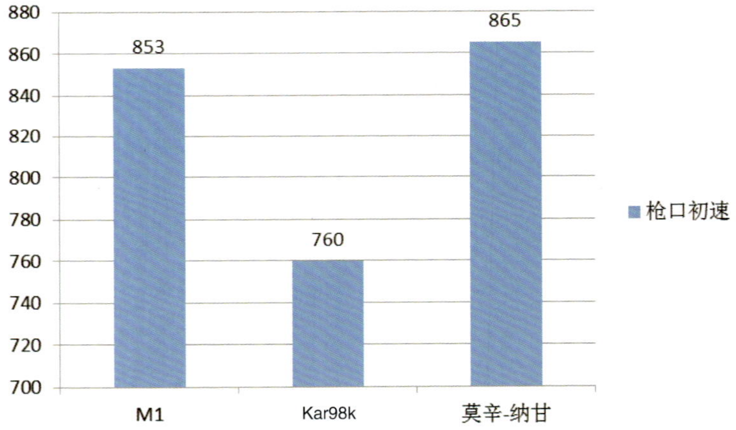

枪口初速对比（单位：米/秒）

制造背景概述

M1“加兰德”步枪

M1“加兰德”最早于1920年在斯普林菲尔德兵工厂开始设计。1929年，样枪送交阿伯丁试验场，参加美国军方新式步枪选型试验。1932年，M1“加兰德”设计的自动装填步枪被选中。其间，美国军械委员会指令更改样枪的口径为7毫米，中选后又遭到军方否决，仍然被要求采用7.62毫米口径。经过进一步改进，1936年正式定型，命名为“7.62毫米M1半自动步枪”，并于1937年开始生产，成为美国军队的制式装备，用以取代美国陆军的 M1903式斯普林菲尔德步枪（旋转后拉枪机式）。

约翰·加兰德（左）在向美军官员讲解M1步枪

二战时期使用M1步枪的美军士兵

Kar98k步枪

Kar98k步枪是德国于1935年在Kar98b的基础上结合标准型毛瑟步枪加以改进的，改进的步枪被命名为Karabiner 98k，简称Kar98k或者98k。这里的k为“Kurz”的缩写，德文的意思是“短”。Kar98k比Kar98b式卡宾枪缩短了许多，被德国国防军选为制式步枪，并正式投产，大量原有的Kar98b和G98步枪被送到工厂改装为短管的Kar98k。

德国阅兵仪式上手持Kar98k步枪的士兵

使用Kar98k步枪的德国士兵

莫辛-纳甘步枪

莫辛-纳甘步枪的原型枪为1891式步兵步枪，这是一种标准型长步枪，曾是俄国军队以及苏军在1891～1930年间的制式步枪。1922年，由于1891式步兵步枪显得太长，苏联选定龙骑兵步枪为基础，着手改进新步枪，1930年正式定型命名为“1891/30型步枪”，用于替换1891式步兵步枪。1930年，1891/30型步枪在图拉与伊热夫斯克兵工厂投产，后来分别在1942年和1944年停产。1930～1945年间，1891/30型步枪是苏联步兵的主要制式步枪，也是莫辛-纳甘系列步枪中产量最大的版本。

一战时期沙俄士兵装备的莫辛-纳甘步枪

莫辛-纳甘步枪后方特写

枪体构造对比

M1“加兰德”步枪

M1“加兰德”步枪采用导气式工作原理，枪机回转式闭锁方式。导气管位于枪管下方。击锤打击击针使枪弹击发后，部分火药气体由枪管下方靠近末端处一导气孔进入一个小活塞筒内，推动活塞和机框向后运动。枪机上的导向凸起沿机框导槽滑动，机框后坐时带动枪机上的两个闭锁凸笋从机匣的闭锁槽中解脱出来，回转实现解锁，枪机后坐过程中完成抛弹壳动作同时压倒击锤成待击状态。枪机框尾端撞击机匣后端面，由复进簧驱使开始复进。机框导槽导引枪机上的导向凸起带动枪机转动，直至两个闭锁凸笋进入闭锁位置。复进过程中完成子弹上膛，枪机闭锁。机框继续复进到位，枪又成待击状态。相对于同时代的后拉式枪机步枪（手动装填子弹），M1“加兰德”步枪的射击速度有了质的提高。在战场上其火力优势可以有效压制手动装填子弹的步枪。

M1“加兰德”步枪多角度特写

M1“加兰德”步枪的供弹方式也比较有特色，装双排8发子弹的钢制漏弹夹由机匣上方压入弹仓，最后一发子弹射击完毕时，枪空仓挂机，弹夹会被退夹器自动弹出弹仓，会发出声响，提醒士兵重新装子弹。

M1“加兰德”步枪采用转栓式枪机，木制枪托护木延伸至枪管中心，有一木制护手掩盖在枪管上，此护手向前延伸，前方露出约有三分之一长度的枪管。该枪枪机很短，而照门就在其上方。闭锁式枪机的两片前向推杆位于该枪后膛之后，扭转后可与枪机凹槽相容。枪机可直接自凹槽拆开，使枪支易于分解和清洁。

M1“加兰德”步枪分解图

Kar98k步枪

Kar98k步枪采用毛瑟式旋转后拉式枪机，枪机尾部是保险装置。子弹呈双排交错排列的内置式弹仓，使用5发弹夹装填子弹，子弹通过机匣上方压入弹仓，亦可单发装填。拉机柄由直形的改为下弯式，便于携行和安装瞄准镜。

Kar98k步枪的供弹系统与枪机是它最有特点的两个设计。枪机部分的设计更是成为世界手动步枪的经典设计而名留青史。毛瑟式枪机是一种简单而又坚固的整体式枪机，可以说是一种天才的设计。枪机有两个闭锁齿，都位于枪机顶部。据毛瑟声称，这种系统有助于使步枪获得更好的精确度。人们往往将位于枪机后部的一个凸笋误认为是第三个闭锁装置，但实际上它是一个保险凸笋，却并不接触机匣上的闭锁台肩。枪机拉柄与枪机本身连接，在早期型号的98式步枪上，它是直的，在枪机合上时与地面保持平行。在Kar98k步枪上这个拉柄被改成了弯曲形。这种设计使枪机的动作更舒适，更方便。

Kar98k步枪正反面特写

该枪的供弹系统是一个内置的双排弹仓，在这个弹仓内子弹交错排列。而它的底部弹仓是可以拆下的，以便必要时更换弹仓弹簧。装填子弹时，可以进行单发装填，即打开枪机，将单发子弹装入弹仓；也可以使用一次性的弹夹。每一个弹夹装填5发子弹，正好将弹仓填满。装弹时直接将弹夹插入机匣导槽，枪弹被压入弹仓，而空弹夹则在枪机闭锁时被自动抛掉。如果要取出已经装入的子弹，则只要拉动枪栓（保险装置必须处于中间位置即安全但枪栓解锁状态），或者直接取下其底部弹仓即可。

Kar98k步枪分解图

莫辛-纳甘步枪

莫辛-纳甘步枪采用传统的旋转后拉式枪机与弹仓式供弹的设计，枪机部分设计简单，所以细小零件很少；整体弹仓位于枪托下扳机护圈前面，使用能携带5发子弹的弹夹，通过机匣顶部的抛壳口单发或用弹夹填装，弹仓口有一个隔断器，用于枪弹上膛时隔开第二发子弹。枪弹是击针式击发；因拉机柄力臂较短，枪机操作时不太顺畅所需力量较大，拉机柄为直式，狙击步枪采用下弯式拉机柄；手动保险为枪机尾部凸出的圆帽，向后拉会锁住击针动作。早期的可拆卸刺刀通过管状插座套在枪口上，后期改为不可拆卸的折叠式刺刀。

莫辛-纳甘M1891型步枪采用莫辛设计的3线弹仓式步枪，同时采用纳甘设计的快速填装弹弹夹，是俄罗斯军队最早采用无烟发射药技术的军用步枪。此后，俄罗斯对步枪实施了一系列改进，推出了适用于骑兵的步枪、卡宾枪及加装瞄准镜的狙击步枪的版本，并为该枪设计一系列的枪榴弹，以符合当时潮流。

莫辛-纳甘步枪多角度特写

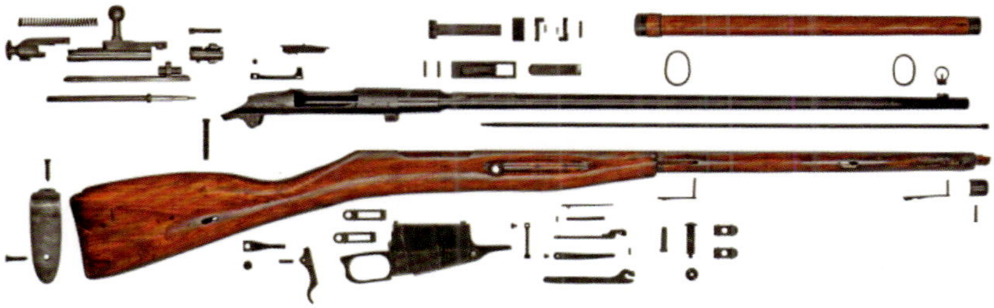

莫辛-纳甘步枪分解图

■ 作战能力对比

M1“加兰德”步枪

M1“加兰德”步枪与同时代的手动后拉枪机式步枪相比，射击速度有了质的提高，并有着不错的射击精度，在战场上可以起到很好的压制作用。该枪可靠性高、经久耐用，易于分解和清洁，在丛林、岛屿和沙漠等战场上都有出色的表现。美国著名将军乔治·巴顿评价它是“曾经出现过的最了不起的战斗武器”。

M1“加兰德”步枪后侧方特写

M1“加兰德”步枪上方视角

Kar98k步枪

Kar98k步枪的用途较多，可加装4倍、6倍光学瞄准镜作为狙击步枪投入使用，还可以加装枪榴弹发射器以发射枪榴弹。对有经验的狙击手来说，使用配有4倍瞄准镜的Kar98k步枪可射杀400米处的目标，若选择6倍瞄准镜则可射杀1000米处的目标。二战期间，共有129468支Kar98k步枪装备部队。Kar98k步枪在二战期间经历过多次设计更改，其中大多数改进是为了易于生产。

加装瞄准镜的Kar98k步枪

Kar98k步枪及子弹

莫辛-纳甘步枪

莫辛-纳甘步枪的特点是易于生产，使用简单可靠，不需太多的维护。这些优点相对于工业基础低、士兵教育程度低的苏军来说是极其重要的，尤其是恶劣的战争时期需提高武器产量以满足前线需要，而大量补充的战斗人员往往训练时间不足。同Kar98k步枪一样，莫辛-纳甘步枪也可以作为狙击步枪使用。随着战争后期自动步枪大显身手，莫辛-纳甘步枪开始退出正面战场，但在狙击战中却发挥巨大作用。苏联在二战时期有20多名优秀狙击手，击毙敌军人数超过300人，人手一支莫辛-纳甘步枪，足可证明此枪的性能优秀。

莫辛-纳甘步枪前侧方特写

莫辛-纳甘步枪及附件

3.2 自动步枪三杰：德国HK G3 VS 英国FN FAL VS 美国M14

HK G3步枪是世界上制造数量最多、使用最广泛的自动步枪之一，世界上共有80多个国家购买了G3步枪，其中有10多个国家获得特许生产权，现在仍有40多个国家持续使用G3步枪。FN FAL步枪的数量与HK G3步枪相差无几，也曾是大量国家的制式装备，由于产量极大，又曾是西方国家的主力战斗步枪，更被西方雇佣兵带到世界各地征战，因此FAL步枪被称为“自由世界的右手”。与同时代的HK G3步枪和FN FAL步枪相比，美国M14步枪虽然产量不及前两者，但无论在射击精度、可靠性、后坐力控制及使用的舒适性等方面该枪都是最好的。从某种程度来讲，M14是属于过时的设计，它强调过去军用步枪的设计思想——精度高和射程远，但却显得太长太重，导致M14步枪在东南亚丛林的徒步作战中极不方便，而机械化步兵也反映携带M14步枪不利于乘坐装甲车，影响战场机动性。尽管如此，不得不说M14步枪只是一种生不逢时的好枪，偏爱使用M14步枪的人正是看中它的致命性、远射程和好的侵彻能力，因此M14步枪作为突击步枪的补充，在一些部队里作为精确支援火力的角色应用在战场上。

HK G3步枪

FN FAL步枪

M14步枪

基本参数对比

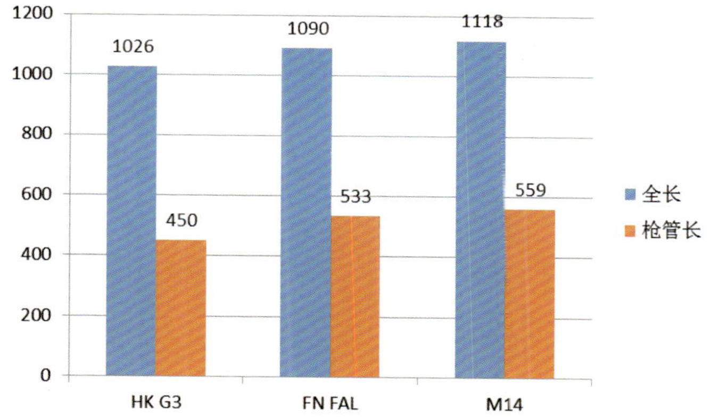

枪体尺寸大小对比（单位：毫米）

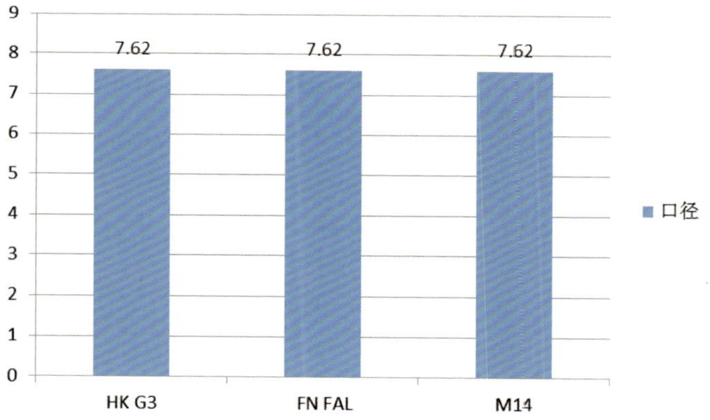

口径大小对比（单位：毫米）

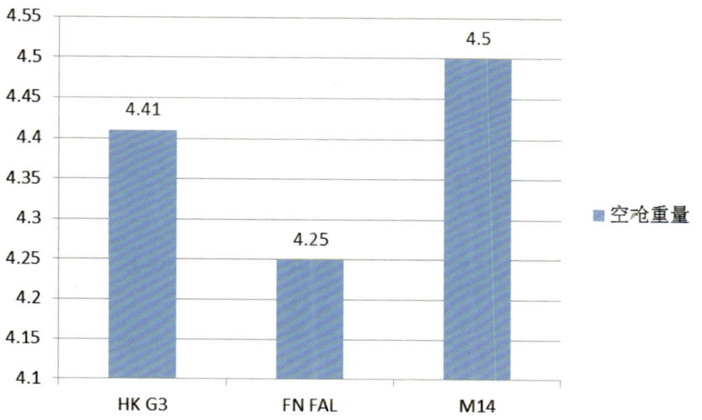

空枪重量对比（单位：千克）

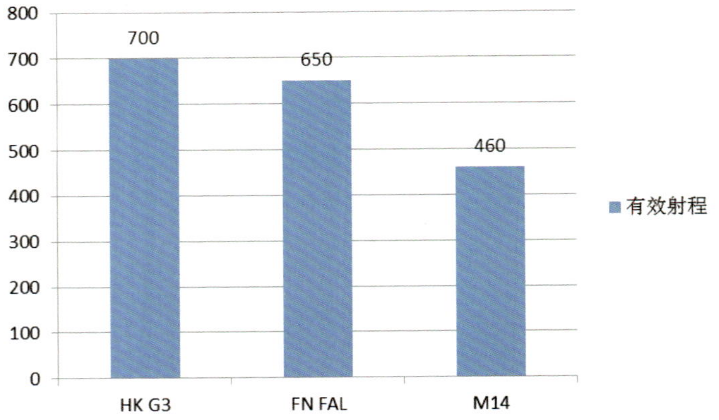

有效射程对比（单位：米）

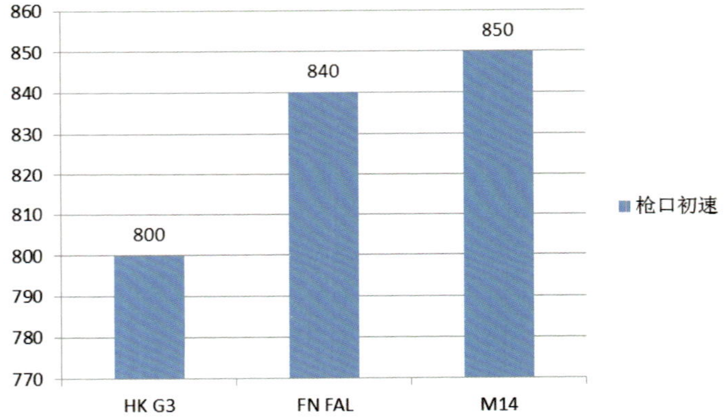

枪口初速对比（单位：米/秒）

制造背景概述

HK G3步枪

二战后期，德国的毛瑟公司设计了一款滚柱闭锁枪机的步枪，并在1944年获得了陆军统帅部30支样枪的订单，不过才刚生产完零件，二战便结束了，毛瑟公司的一些员工被拘留于荷兰，并被英国人命令制造出这些武器，这就是G3步枪的前身——StG45步枪。StG45步枪的半刚性滚柱闭锁枪机是HK G3步枪的枪机的雏形。

同一时期，滚柱闭锁枪机的发明者路德维希·福尔格里姆勒前往法国，1950年又到了西班牙的特种材料技术研究中心，加入了一个研发新型枪械的专家小组。一开始西班牙方面并不信任他，不过在他的才能显露出来之后，很快就改变态度，并批准由他所负责的新枪研发专案，新枪很快被制造出来，并取名为CETME步枪，发射7.92毫米毛瑟步枪弹。

搭在两脚架上的HK G3步枪

1952年，CETME步枪第一次试射时引起了美国军方的关注，并表示可以到美国免费试验。1954年，CETME改为发射7.62毫米口径子弹，这时候，德国正好需要新枪来装备部队，于是在1956年向西班牙订下契约，修改并订购500支CETME步枪，但条件是在德国的HK公司生产，于是路德维希·福尔格里姆勒随着CETME步枪回到了德国。

1957年，德国经由部队测试CETME步枪后决定装备该枪。1958年，德国政府正式将CETME步枪的生产任务交给了HK公司，HK公司根据测试部队的意见对CETME步枪进行改进，改进后的步枪就是现在的HK G3步枪。经过半个多世纪，HK G3已经成为最普遍、通用的自动步枪之一。

在伊拉克北部使用G3A3的土耳其士兵

FN FAL步枪

FN FAL步枪源于二战后英国新的步枪研制计划，最初设计使用7.92×33毫米中间型威力枪弹，根据英国的要求改成7×43毫米口径。时逢北约为简化后勤供应进行弹药通用化选型，最终决定FAL采用7.62×51毫米北约标准枪弹。在美国军方的新步枪选型试验中，春田兵工厂的T44（即M14）胜出，而FAL不幸落选，但却被其他许多国家选为制式步枪。

FN FAL步枪前侧方特写

1953年，FN FAL步枪开始投入生产。世界各国生产的FAL大致上可分为两大类，一类是公制式，另一类是英制式。英制式FAL步枪主要是装备英联邦国家。在1955年英国、加拿大和澳大利亚的军工部门开始制定FAL步枪标准化，要求所有的部件都可以互换，部件的尺寸和公差都以英寸为量度单位。而其他北约国家都只采用公制式FAL，部件的尺寸标注都采用公制单位。英制式FAL上的大多数部件都不能与公制式FAL的互换，包括特许生产与仿制。

FN FAL步枪曾被90多个国家和地区的军队采用，在20世纪60～70年代，FAL自动步枪是西方雇佣兵最爱用的武器之一，因此被美国的雇佣兵杂志誉为“20世纪最伟大的雇佣兵武器之一”，该枪直到80年代仍在生产。

FN FAL步枪后侧方特写

M14步枪

M14步枪是著名枪械设计师约翰·加兰德在M1“加兰德”步枪基础上改进设计的，1959年开始在春田兵工厂投产。美国军方当时强调军用步枪射程远的设计思想，并不接受小口径步枪弹。北约进行弹药通用化选型时，美国坚决反对任何降低威力、短射程的弹药，并施加影响，1953年，北约选择7.62×51毫米枪弹作为标准步枪弹。M14步枪以其为弹药，实现了弹药以及步枪标准化，亦简化了后勤供应。

1958年4月，春田兵工厂开始小批量生产M14步枪，从1959年开始，美国政府与4个厂商签订采购合同，开始大量生产M14步枪，直到1963年1月23日，美国国防部命令终止采购M14步枪为止，生产期间共花费1.3亿美元。在1958～1965年期间，4个生产厂商共为美国政府生产了138万支M14步枪。

加装瞄准镜的M14步枪

使用M14步枪（左）的美国士兵

枪体构造对比

HK G3步枪

HK G3步枪是一种以滚轮延迟反冲式机制运作的自动步枪，这种运作机制后来被不少HK公司生产的枪械所运用（包括HK33突击步枪、HK MP5冲锋枪、HK PSG1狙击步枪和HK21通用机枪等）。该枪采用半自由枪机式工作原理，零部件大多是冲压件，机加工件较少。机匣为冲压件，两侧压有凹槽，起导引枪机和固定枪尾套的作用。枪管装于机匣之中，并位于机匣的管状节套的下方。管状节套点焊在机匣上，里面容纳装填杆和枪机的前伸部。装填拉柄在管状节套左侧的导槽中运动，待发时可由横槽固定。该枪采用机械瞄准具，并配有光学瞄准镜和主动式红外瞄准具。

G3A4步枪（上）与G3A3步枪（下）

HK G3步枪分解图

FN FAL步枪

FN FAL步枪采用气动式工作原理，枪机采偏移式闭锁。机框位于枪机上方。机框内有开、闭锁斜面，在自动循环过程中与枪机上对应的开、闭锁斜面相互作用，使枪机后端上抬或下落，完成开、闭锁。机框上的斜肩与枪机上斜肩衔合，机框带动枪机一起后坐，通过铰链结合于机框后端连杆压缩枪托中的复进簧。机框开始后坐时，便解除对不到位保险阻铁的压力。保险阻铁在其弹簧作用下，前端稍向上抬，尾端则与向后旋转的击锤轴相摩擦。复进簧伸张，又通过连杆推机框复进。枪机上的斜面与机框上的斜面贴合，机框带动枪机向前。

该枪导气装置位于枪管上方，导气箍前端有可调整的螺旋气体调节器，可根据不同的环境状况调整枪弹发射时进入导气装置的火药气体压力，可选择发射枪榴弹。该枪带空枪挂机机构，不随枪机运动的拉柄位于机匣左侧，快慢机柄可选择单发和连发射击模式，机匣上方装有可折叠的提把，枪口装有消焰器。

FN FAL步枪局部特写

FN FAL步枪上方视角

M14步枪

M14步枪采用气动式原理，枪机回转闭锁方式。该枪导气系统的特点是可以自动关闭导气孔，限制进入导气筒内的火药燃气。导气管位于枪管下方，可选择半自动或全自动射击。M14步枪的枪机呈扁圆柱形，右前端有一导轮，导轮卡入枪机框上的导槽之中，机框通过导轮带动枪机在机匣中前后运动。枪机前端有拉壳钩和抛壳挺。击针位于枪机内。拉机柄在机匣右前方，通过一个连杆与枪机连接。当最后一发弹发射后，枪机会被机匣左侧的空仓挂机扣住。M14的击发机构是从M1“加兰德”步枪演变来的，大部分零件都相似，包括双钩击锤，扳机和扳机连杆（第一阻铁），以及位于第一阻铁后面的带阻铁簧的第二阻铁等。整个发射机构一起装在机匣后部，由保险机固定栓固定。保险开关位于扳机护圈前方。M14由可拆卸的20发弹匣供弹，亦可以发射枪榴弹，而且还衍生出加装了两脚架的M14A1班用自动武器及狙击步枪版本。

M14步枪正反面特写

M14步枪局部特写

作战能力对比

HK G3步枪

HK G3步枪有很高的精度，缺点是射速慢和全自动射击时后坐力大。该步枪为一种模组化武器系统，其枪托、护木和火控组能够更换成不同的规格以满足不同需求。

HK G3步枪上方视角

HK G3步枪前侧方特写

FN FAL步枪

FN FAL步枪工艺精良、可靠性好、单发精度高，由于使用的弹药威力大，射击时后坐力大使连发射击时难以控制，存在散布面较大的问题。

FN FAL步枪所使用的子弹

士兵使用FN FAL步枪进行射击训练

M14步枪

M14步枪具有精度高和射程远的优点，自服役后便在丛林作战中大量使用。由于该枪枪身比较笨重，单兵携带弹药量有限，并且存在与FN FAL步枪同样的不足，就是弹药威力过大，导致全自动射击时散布面太六，难以空制精度，在丛林环境中不如苏联/俄罗斯AK-47突击步枪。

M14步枪右侧方特写

M14步枪后侧方特写

3.3 东西枪王：苏联/俄罗斯AK-47 VS 美国M16

AK-47突击步枪和M16突击步枪是世界上最著名的两款步兵武器，它们不但曾是东西两大阵营普遍装备的武器，而且也在全球局部冲突中广泛使用。现在，这两款突击步枪不但遍布世界各个角落，而且还在许多热点地区不断征战，枪械的性能也可以说是难分伯仲。作为两个国家最顶尖的轻武器，AK-47突击步枪与M16突击步枪也不可避免地在历次局部战争中交锋，军事爱好者也常常将两者进行全方位的比较。

AK-47突击步枪

M16突击步枪

■ 基本参数对比

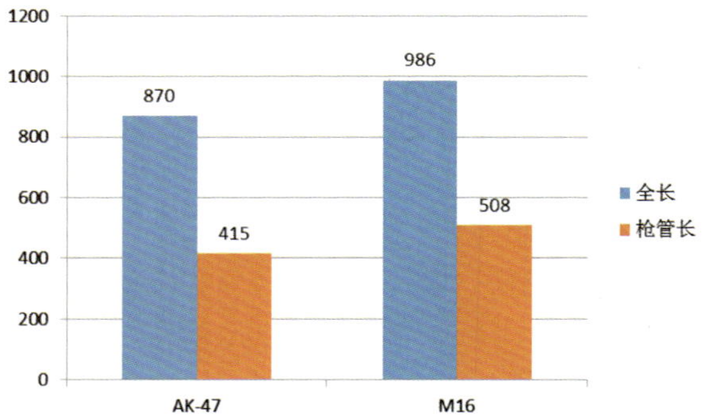

枪体尺寸大小对比（单位：毫米）

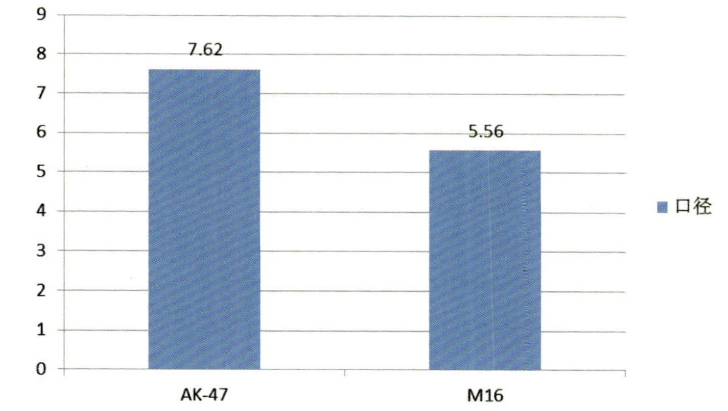

口径大小对比（单位：毫米）

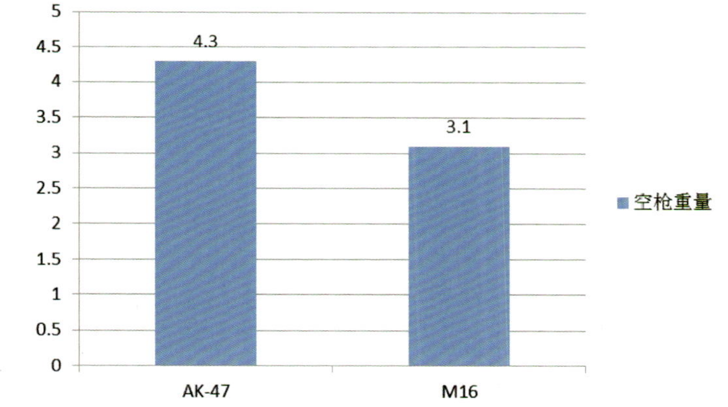

空枪重量对比（单位：千克）

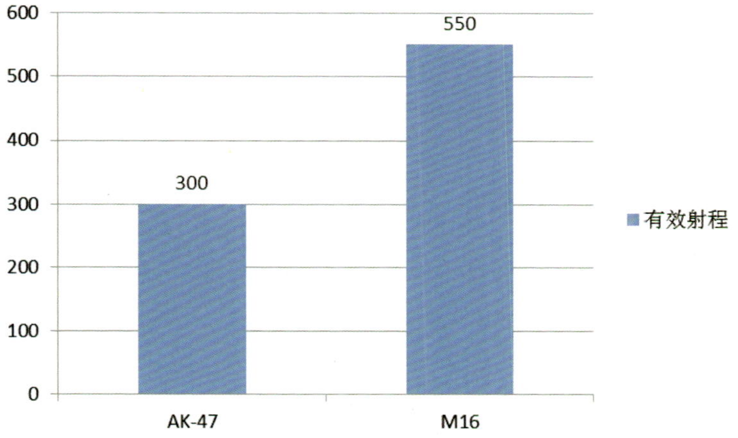

有效射程对比（单位：米）

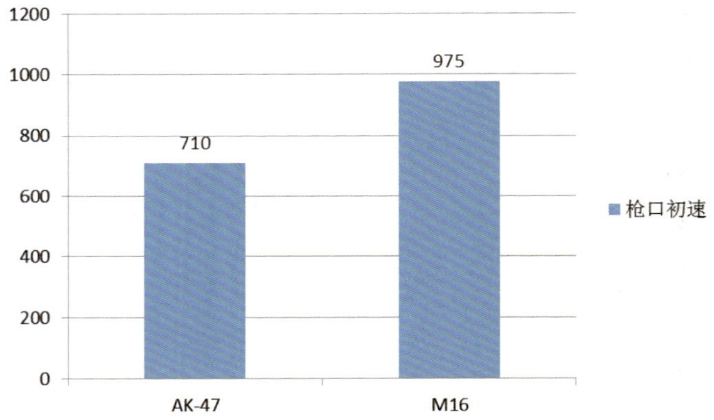

枪口初速对比（单位：米/秒）

制造背景概述

AK-47突击步枪

AK-47是苏联著名枪械设计师米哈伊尔·季莫费耶维奇·卡拉什尼科夫在20世纪40年代所设计的一款突击步枪。

1944年，25岁的卡拉什尼科夫设计出了一种7.62毫米口径的半自动步枪。1946年，他又在这种半自动卡宾枪的基础上设计出一种全自动步枪——AK-46，并将其送到国家靶场与杰格佳廖夫、西蒙诺夫、什帕金、布尔金等多位著名设计师的作品一同进行选型试验。

之后，卡拉什尼科夫的样枪又被送到科弗罗夫市的一家兵工厂进行了较大的改进，其中包括将500毫米的枪管减至420毫米。改进后的样枪在复试时表现出比其他候选枪更佳的射击精度，不过选型评审委员会发现枪管变短后给予了严肃的批评，并警告“下不为例”。

AK-47突击步枪的设计者——米哈伊尔·季莫费耶维奇·卡拉什尼科夫

在可靠性试验中，卡拉什尼科夫的样枪表现惊人，完美顺利地通过了“沙浴试验”。射击时，沙粒向外喷射，就像水珠一样，在点射时也未产生任何故障，而竞争对手们的样枪则往往射击几次后就不行了。

1947年，卡拉什尼科夫设计的步枪通过重重考验，终于成为苏军的制式装备，并被命名为AK-47。AK-47突击步枪被纳入苏军的制式装备后，很快就被兵工厂进行大批生产，并源源不断地送到苏军及华约组织士兵的手中。

此外，由于世界各地有许多生产者都在生产AK-47，而这些生产者的生产能力又各不相同，所以质量也有着千差万别。例如一些小作坊所生产出的AK-47在长时间射击后枪管容易变弯，而高规格的大型兵工厂生产的AK-47则有着可靠的质量保障。

AK-47突击步枪前侧方特写

M16突击步枪

M16突击步枪的诞生时间比AK-47突击步枪要晚一些。1957年，美军在装备M14自动步枪后不久就正式提出设计新枪。阿玛莱特公司的尤金•斯通纳将7.62毫米口径AR-10步枪改进为5.56毫米口径AR-15步枪，从竞标中胜出。随后，AR-15经过了一系列改进，并将生产权卖给了柯尔特公司。

柯尔特公司在购得AR-15的生产权后，又进一步完善了该枪的设计，并开始游说军方高层。1960年6月，时任美国空军副参谋长的柯蒂斯·李梅参在观了AR-15的演示之后，立即订购了8500支AR-15作为战略空军基地的防卫用枪。此外，美国国防部高级研究计划局也成为了AR-15的用户，购买了1000支步枪在越南进行全面的实战测试。

卡拉什尼科夫（左）和斯通纳（右）两大枪王的合影

由于AR-15突击步枪表现突出，所以美国特种部队在提交的战场报告中强调立即采用AR-15的必要性。美国陆军在1962年和1963年对AR-15进行两次复试后，再次否定该枪。但是经过努力，美国国防部决定对AR-15和M14进行一次试验，试验结果表明AR-15具备与AK-47相抗衡的火力，而且价格也比M14更为低廉。

1964年，美国空军正式装备该枪并将其命名为M16突击步枪。该枪自1967年以来一直是美国陆军使用的主要步兵轻武器。M16系列的用户包括15个北约国家以及其他80多个国家。除军队外，还被许多特警队、私人保安机构等组织所采用。

M16突击步枪侧方特写

枪体构造对比

AK-47突击步枪

AK-47突击步枪体现的是苏联“以量取胜”的思想：精度不必太高，材质不必太好，结构不能太复杂，便于用最简单的技术、最便宜的价格大量制造。AK-47没有使用很高的生产技术，其使用的材料和工艺在当时都是轻武器设计和生产中比较常见的。

AK-47突击步枪采用导气式自动原理，击发机构为击锤回转式，发射机构直接控制击锤，实现单发和连发射击。发射机构主要由机框、不到位保险、阻铁、扳机、快慢机、单发杠杆、击锤、不到位保险阻铁等组成。快慢机位于枪的右侧。AK-47的保险/快慢机非常有特色，从上至下依次是“保险，全自动，半自动”，而其他突击步枪通常是“保险，半自动，全自动”。在应对突发状况时，士兵们总会把快慢机扳到底并扣住扳机不放。此时，一般突击步枪会射出全部枪弹，AK-47则只会打出1发，大大节约了子弹，提高了安全性。

AK-47突击步枪内部构造图

AK-47枪机抛壳口的设计令其较难安装皮卡汀尼导轨，因此武器扩展性逊色于M16突击步枪。不过，AK枪族的后期型号在此方面已经大幅改进，如AK-102和AK-103机匣左侧的瞄准镜导轨便可装上快拆式瞄准镜，AK-9和AK-12则整合了皮卡汀尼导轨。

AK-47突击步枪分解图

M16突击步枪

M16突击步枪反映的是美国“以质取胜”的思维：零部件精度要求较高，配合间隙小，材质精良，造型新颖，不太在乎成本。和苏联人在步枪设计上强调可靠性不同，美国人强调的是精确和美观，斯通纳常说的一句话就是“好看的步枪肯定是好用的”。相比AK-47的可靠耐用，M16在美观、可携带性和精确性上更胜一筹。M16的弹匣由铝合金制成，枪托、护木和握把由玻璃纤维制成，全枪外形精巧，充分体现了美国的工业水平。不过，在某些情况下这些特点就成了缺点：高精度的零部件过于娇贵，以至于说明书中声明枪管进水就不能使用，昂贵的生产费用也限制了枪械的销售。

M16突击步枪与AK-47突击步枪都采用近代自动枪械最常用的枪机运作原理与方式，即气动式系统。其原理为：利用子弹中的发射药于击发后所产生的高压气体经过枪管上的导孔来推动连接枪机的结构，例如活塞与活塞连杆，或者是导管与增压器，以完成枪机的开锁/闭锁，退壳与进弹。换言之，子弹产生的高气压就是枪支与枪机自动/半自动运作的来源。M16突击步枪的开/闭锁原理与AK-47基本相同，都采用了转栓式枪机。这是目前最常用的开/闭锁原理，相异于手动枪机的闭锁方式，转栓式枪机在于枪机本身只进行复进的动作，而枪机锁耳才做滚转闭锁/开锁的动作。

大部分M16突击步枪是能够使用半自动射击模式以及3发点射的。点射的原理是使用一个有3个部件的自动扣机，能够在每次扣动扳机的时候发射最多3发子弹。

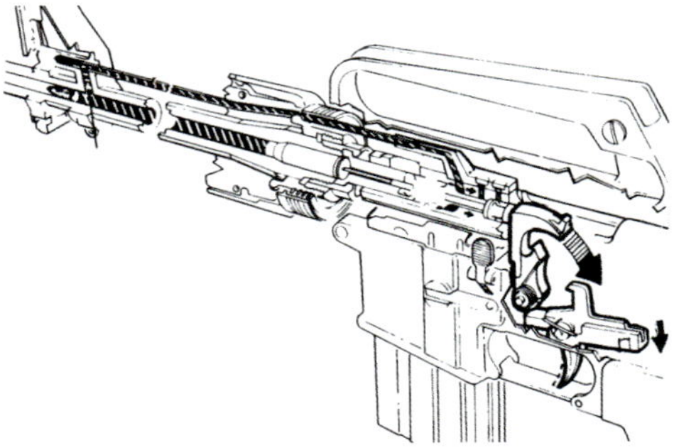

M16突击步枪局部示意图

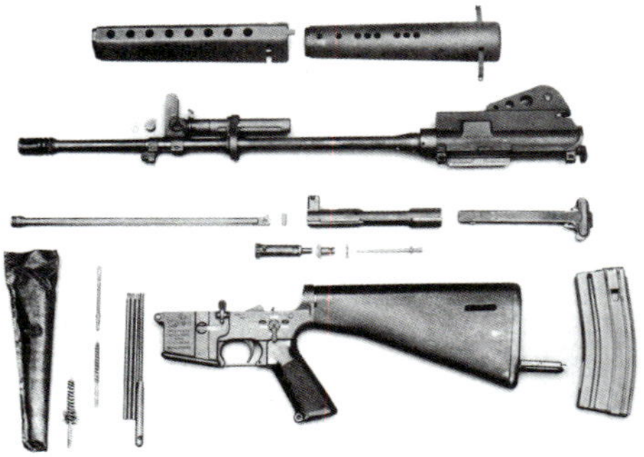

M16突击步枪分解图

作战能力对比

AK-47突击步枪

在可靠性和恶劣环境的适应能力上，AK-47具有非常明显的优势。该枪的枪机动作可靠，可以在沙漠、热带雨林、严寒等极度恶劣的环境下保持相当好的效能。即使有灰尘等异物进入枪内，它的机械结构仍能保证它继续工作。1959年投产的AKM改进了AK-47的很多缺点，且可靠性更佳，除了退壳时撞针偶尔会断外，故障率极低。二战以来，世界各地的小规模战争一拖就是数月乃至数年，但由于AK-47不易损坏，一把AK-47常常转战各大战场，历经数十年。AK-47的主要缺点是全自动射击时枪口上扬严重，枪机框后坐时撞击机匣底，机匣盖的设计导致瞄准基线较短，瞄准具不理想，导致射击精度较差，特别是300米以外难以准确射击，连发射击精度更低。

AK-47突击步枪与使用的子弹

射击状态下的AK-47突击步枪

M16突击步枪

M16突击步枪能很好地整合各类瞄准装置，大大提高射击精度。除此之外，M16还具有一个明显的人体工程学的特征，即枪机正后方有一个塑料制的包含金属复进簧的枪托。它能同时起到容纳复进弹簧和缓冲后坐力的作用。枪托与枪膛在一条线上能够减少枪口上跳，特别是在全自动射击模式的时候。由于后坐力不会使准星发生明显的偏移，不仅能提高射击精度，使用者的疲乏程度也会减轻。

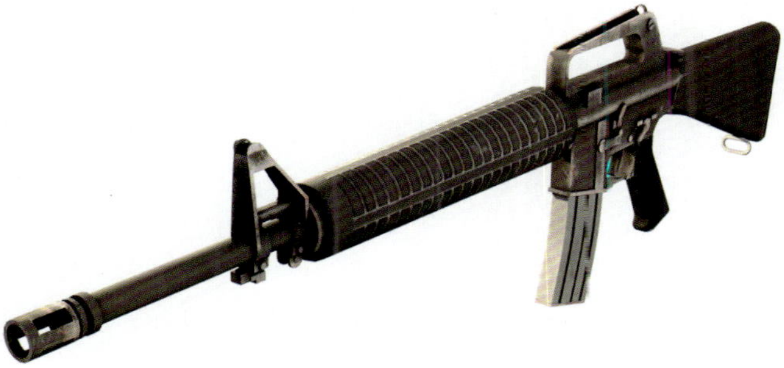

M16突击步枪前侧方特写

在伊拉克战争中，美国海军陆战队的士兵曾使用M16突击步枪在600米距离上将伊军士兵一枪击毙。目前，美军使用的 M16大部分都是能够半自动射击和三发点射的，极少使用全自动版本。因为全自动版本的 M16会因连发射击导致准星偏移，变得极不精确，且浪费弹药。因此，全自动版本（M16A3等）通常只配发给某些特殊部队。

射击状态下的M16突击步枪

3.4 无托利器：法国FAMAS VS 奥地利AUG VS 英国 SA80

FAMAS突击步枪、AUG突击步枪与SA80突击步枪都是世界著名的无托步枪。FAMAS是世界上第一种无托突击型小口径步枪，该枪曾经在乍得战争和海湾战争中经受战火考验，以优良的性能赢得了参战士兵的喜爱。AUG突击步枪的地位与FAMAS突击步枪不相上下，它不仅取代了当时奥地利军队装备的FN FAL步枪，还成为了世界上第一款正式列装的无托步枪。相较于前两者而言，SA80突击步枪的名气并不大，但作为英国三军通用武器，SA80突击步枪一直在进行改进，2006年，英国国防后勤机构下属的可靠性维护（RCM）小组还计划对现役SA80突击步枪进行维护，涉及面高达英国现役SA80突击步枪总数的94%。

FAMAS突击步枪

AUG突击步枪

SA80突击步枪

基本参数对比

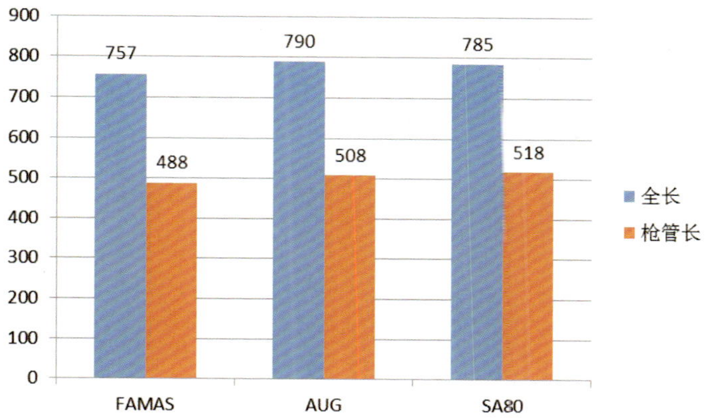

枪体尺寸大小对比（单位：毫米）

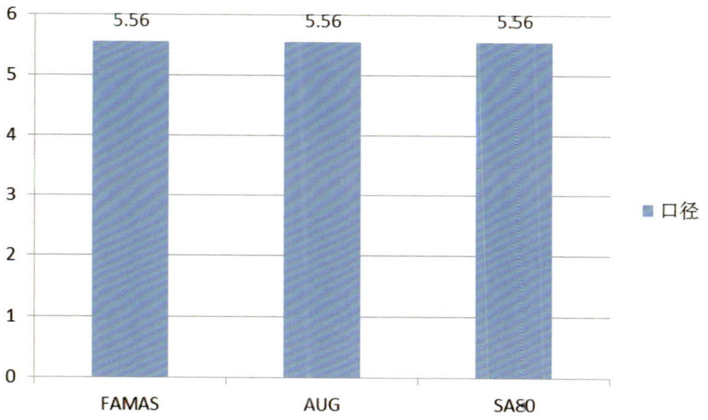

口径大小对比（单位：毫米）

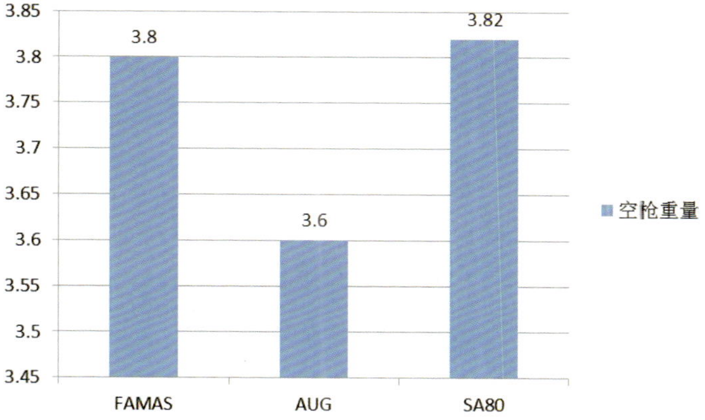

空枪重量对比（单位：千克）

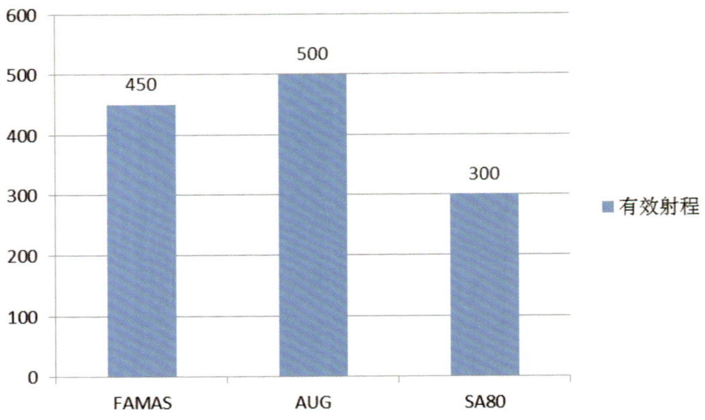

有效射程对比（单位：米）

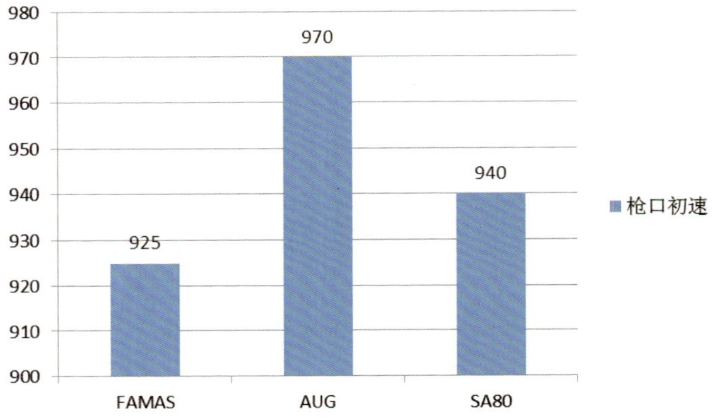

枪口初速对比（单位：米/秒）

制造背景概述

FAMAS突击步枪

FAMAS由法国轻武器专家保罗·泰尔于1967年开始研制。法国研制该枪的指导思想是既能取代MAT49式9毫米冲锋枪和MAS 49/56式7.5毫米步枪，又能取代一部分轻机枪。该枪在1967年开始设计，1971年推出原型，1978年成为法军制式突击步枪。按原定计划，法国军方共需采购40万支，但后因军费不足，结果缩减至28万支。只是此时北约各国都将小口径枪弹改为SS109枪弹，但法国军队的FAMAS仍然使用M193枪弹。FAMAS最初的型号为FAMAS F1，随法军参加过乍得和海湾战争，表现尚可。除法国军队外，加蓬、吉布提、黎巴嫩、塞内加尔、阿联酋等国的军队也有装备FAMAS突击步枪。

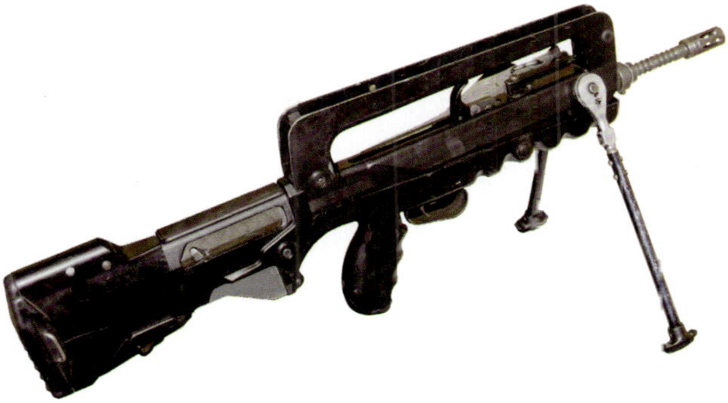

搭在两脚架上的FAMAS突击步枪

装备FAMAS F1突击步枪的法国外籍兵团士兵

AUG突击步枪

AUG突击步枪于20世纪60年代后期开始研制，其目的是为了替换当时奥地利军方采用的FN FAL步枪。当时军方提出的要求是：精度不低于比利时的FN FAL步枪；重量不大于美国的M16步枪；全长不得超过现代冲锋枪的长度；在恶劣环境中使用时，可靠性不低于苏联的AK-47和AKM突击步枪。原计划发展步枪、卡宾枪和轻机枪这3种枪型，后来又增加了冲锋枪。AUG的研制由奥地利斯泰尔-曼利夏公司负责，主设计师有三个人——霍斯特・韦斯珀（也是格洛克手枪的设计者）、卡尔・韦格纳和卡尔・摩斯，而奥地利军事技术办公室的沃尔特・斯托尔上校则负责监督研制计划的进程。1977年AUG突击步枪正式被奥地利陆军采用，1978年开始批量生产。除奥地利外，AUG还被多个国家的军警用户所采用，包括英国、美国、阿根廷、澳大利亚、爱尔兰、卢森堡、马来西亚、巴基斯坦、菲律宾、新西兰、沙特阿拉伯等。

AUG突击步枪后侧方特写

装备AUG突击步枪的奥地利士兵

SA80突击步枪

SA80突击步枪的研制最早可以追溯到20世纪40年代后期，当时基于二战中的战斗经验，英国提出了一个雄心勃勃的方案——要发展一款使用新型号子弹和新级别的步枪。有口径为7毫米的设计和无托结构设计的试验版本两种，分别名为EM-1和EM-2。当北约放弃把7.62毫米口径的子弹型号作为标准的服役用枪的子弹时，这一类武器的更长远发展也就被停止了（英国陆军选择放弃了7.62毫米 L1A1 SLR半自动步枪）。1969年，恩菲尔德兵工厂开始着手发展一个全新的武器家族，有别于新设计的使用英式4.85×49毫米中型子弹的型号。而这一类试验版本武器的系列在内部结构和设计思想上都有别于EM-2，它的牛犊式设计和光学瞄准很明显地影响了设计思想并使之成为SA80突击步枪。

英军从20世纪80年代中期开始将SA80突击步枪列为制式武器，以代替FN FAL系列的SLR L1A1，并将其命名为命名L85。直到今天，经改进后的L85A2仍在英军中服役。此外，L86轻武器、短枪管L22卡宾枪和L98教练用枪都是SA80系列的成员。

英国士兵正在使用SA80突击步枪

手持状态下的SA80突击步枪

枪体构造对比

FAMAS突击步枪

FAMAS突击步枪采用延迟后坐式自动原理、闭锁待击和无托结构。整个枪体都采用层压技术制造，钢制零件都进行了表面磷化处理，轻合金制成的机匣则进行了阳极化处理。黑色塑料制的下护木连接着枪管和机匣，延伸至弹匣入口，扳机机构和手枪形握把安装在弹匣入口前方。上护木的外形很独特，包括方拱形塑料提把和一个很轻的管状铝合金两脚架。机械瞄准具设在提把上，由提把两侧的护板保护。提把上还配有瞄准镜座，可以安装各种光学瞄准装置。

FAMAS突击步枪局部特写

FAMAS突击步枪后侧方特写

AUG突击步枪

AUG突击步枪采用犊牛式设计，全长在不影响弹道表现下缩短了25%（与其他有同样枪管长度的步枪相比），多数的机型配有1.5倍光学瞄准镜。AUG使用半透明弹匣，射手可以快速检视子弹存量，其控制系统亦可左右对换，扳机可同时控制射击模式的选择，第一段为半自动射击模式，而扳机继续扣则进入第二段的全自动射击模式。

加装战术附件的AUG突击步枪

AUG突击步枪的枪管用高强度钢冷锻成形，弹膛和枪膛镀铬。枪管外表有环形的散热筋，每根枪管的弹膛尾部有8个凸笋，用于锁定在机匣内的钢制连接套中，枪机则固定在这个连接套的后部。枪管连接套是用花键固定在机匣右边的，连接花键与枪管、枪机上的凸笋也是重合，当枪管和枪机都在连接套内时，它们的表面完全啮合而形成闭气环。

AUG突击步枪及配件

SA80突击步枪

SA80突击步枪的自动方式为导气式，闭锁方式为枪机回转式。枪机组件由机框与枪机组成，枪机上有多个闭锁凸笋，导柱与枪机连接，机框上有开闭锁螺旋槽，机框是开闭锁的原动件，它通过其上的螺旋面对导柱的作用而使枪机回转，完成开闭锁动作。拉机柄位于枪的左侧，同机框相连，射击时随枪机框一起前后运动。机柄槽有防尘盖，当机框后坐时可以自动打开。

加装战术附件的SA80突击步枪

SA80突击步枪分解图

作战能力对比

FAMAS突击步枪

FAMAS突击步枪在1991年参与了“沙漠风暴”行动及其他维持和平行动，法国军队认为FAMAS在战场上非常可靠。不管是在近距离的突发冲突还是中远距离的点射，FAMAS都有着优良的表现。该枪有单发、三发点射和连发三种射击方式，射速较快，弹道非常集中。不过，FAMAS突击步枪的子弹太少，火力持续性差；瞄准基线较高，如果加装瞄准镜会更高，不利于隐蔽。

装有刺刀的FAMAS突击步枪

法国士兵对FAMAS突击步枪进行性能测试

AUG突击步枪

AUG突击步枪的性能表现可靠，而且在射击精度、目标捕获和全自动射击的控制方面表现优秀。正因为如此，AUG突击步枪才获得了众多国家军警用户的青睐。但AUG突击步枪也存在不少缺点：结构比较复杂，射手要用手控制发射方式，难以获得迅速准确的射击效果；活塞与前握把挨得很近，易灼伤位于前面的手；瞄准镜把手太小，近身搏击后容易折断；背带环的位置不够合理，背挂、携行以及战斗使用难以得心应手。

AUG突击步枪上方视角

士兵正在使用AUG突击步枪

SA80突击步枪

SA80突击步枪的射速高，火力持续性好，射击精度较高，曾作为英军制式武器长达二十余年。根据英军在“沙漠风暴”行动中的实战记录，SA80突击步枪早期型号有着严重卡壳、双重进弹，甚至彻底卡死的问题。此外，该枪常见的状况还有枪托破裂、弹匣经常脱落、撞针松脱或弹力不足等问题。后来改良为L85A1后并使用专用弹也未能解决卡壳问题，就算是HK公司投入巨资改良为L85A2后，性能依然受到一致恶评。

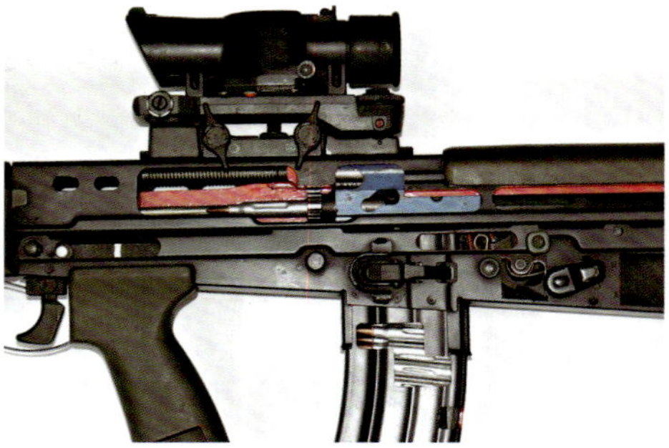
SA80突击步枪局部特写

SA80突击步枪右侧方特写

3.5 卡宾双雄：美国M4 VS 德国HK416C

M4是一种卡宾枪，伴随美军经历了一次又一次战争，虽然已经老迈，但仍堪大用，许多美军士兵认为M4是“在危险的战斗中最愿意使用的单兵战斗武器”。HK416C卡宾枪的原型是HK416自动步枪，而HK416步枪又是以HK G36突击步枪的气动系统在M4卡宾枪的设计上重新改造而成，HK416C卡宾枪在部件设计上大部分沿袭了M4卡宾枪，所以两者不管是外观还是性能都有很多共通之处。

M4卡宾枪

HK416C卡宾枪

基本参数对比

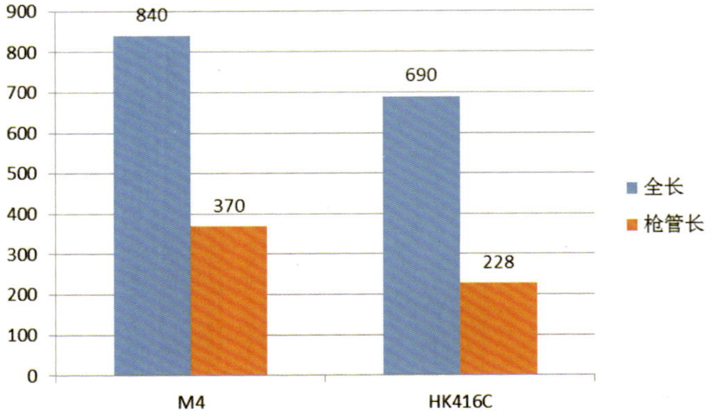

枪体尺寸大小对比（单位：毫米）

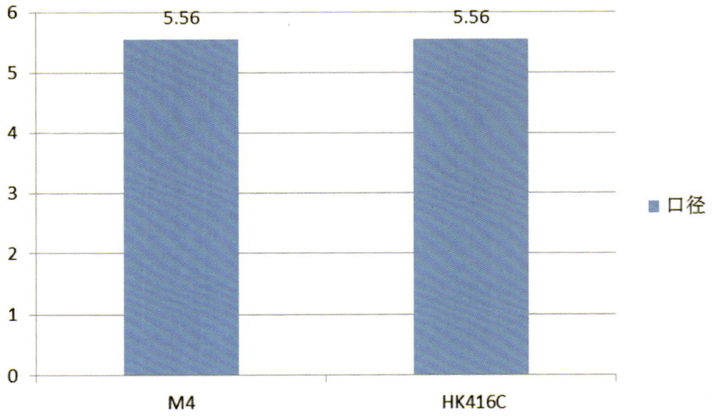

口径大小对比（单位：毫米）

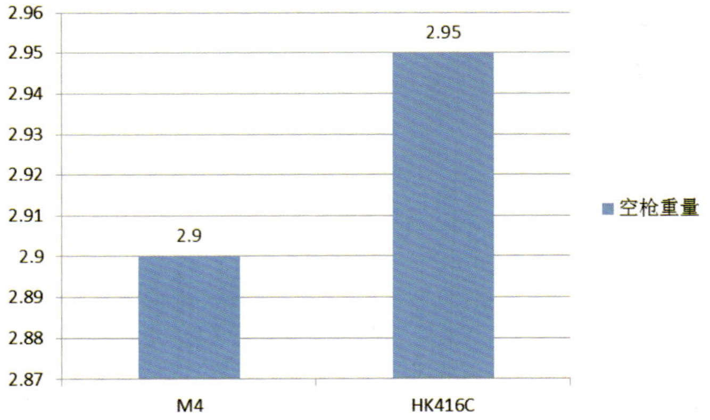

空枪重量对比（单位：千克）

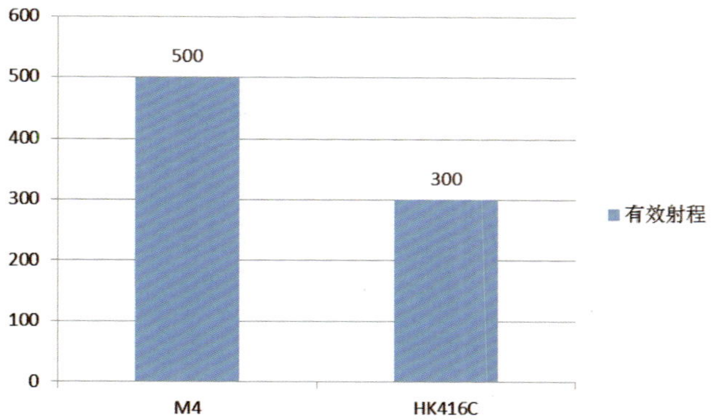

有效射程对比（单位：米）

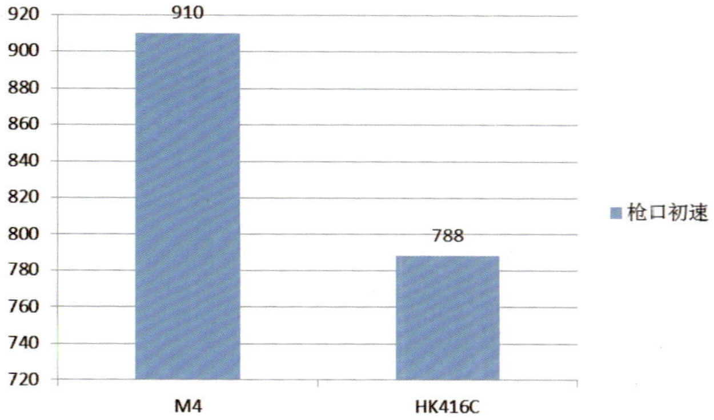

枪口初速对比（单位：米/秒）

制造背景概述

M4卡宾枪

1988年柯尔特公司受命于美国陆军部，在陆军部与海军陆战队联合参与下研制了新型M16卡宾枪。柯尔特公司的工程师把枪管缩短至370毫米，枪管上增加了一个缩颈用以挂装M203榴弹发射器，采用伸缩枪托，射击方式为半自动和三发点射，护木内采用了双层的铝制隔热屏。这种新型卡宾枪的柯尔特公司产品编号为Model 720，在1991年3月军方正式定型并命名为“M4卡宾枪”。

M4卡宾枪右侧方特写

M4卡宾枪首次上阵是参加1991年的海湾战争。战争爆发前美军突然发现他们缺少新步枪，许多部队仍在使用M16A1步枪，而M16A2在1986年才开始陆续装备，有许多部队还没有完成换装。由于需要尽快获得大量的M16A2和M4，因此美国国防部批准增加M4的供应商，缅因州的大毒蛇轻武器公司（Bushmaster Firearms）获得一份供应M4卡宾枪的采购合同，并为陆军供应了4000支M4卡宾枪，这批枪在“沙漠盾牌”和“沙漠风暴”期间被第82空降师使用，据说施瓦茨科普夫将军的卫兵使用的也是M4卡宾枪。

射击状态下的M4卡宾枪

HK416C卡宾枪

HK416C是由HK公司研制及生产的军用卡宾枪，最初因应英国特种部队请求而开发，是HK416的紧凑/突击型版本。HK416C卡宾枪的研制目的在于提供一款性能比长期服役的M16突击步枪更优越的武器，曾参与2003年的伊拉克战争。

HK416C卡宾枪前侧方特写

HK416C卡宾枪后侧方特写

枪体构造对比

M4卡宾枪

M4卡宾枪采用导气、气冷、转动式枪机设计，以弹匣供弹及可选射击模式。M4卡宾枪的护木较短，枪托为滑动伸缩式枪托。M4卡宾枪有两种瞄准具：一种是光学瞄准具，主要是用来替代M16A2步枪上所使用的机械瞄准具；另一种是轻型热成像瞄准具，利用目标的热影像来确定目标。M4卡宾枪具有紧凑及轻巧等优点，但它的短枪管使得出口初速及火力降低，缩短的导气系统令射击声音增大，枪管也很快过热。

M4卡宾枪前侧方特写

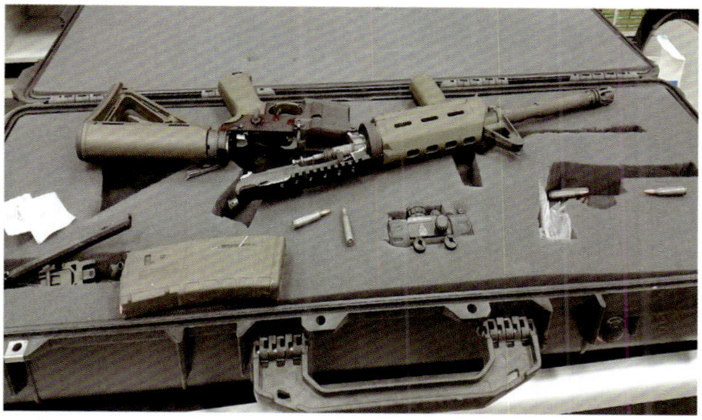

枪盒中的M4卡宾枪

HK416C卡宾枪

虽然HK416C卡宾枪与HK416枪族仍保留着高度的组成零部件的通用性，但HK416C具有一个特别设计的缩短型管状缓冲器连接内部复进簧导管和一个前后滑动型可伸缩式枪托，使用冷锻碳钢自由浮动式枪管和30发钢制STANAG弹匣，在机匣及自由浮动式前护木设有5条MIL-STD-1913战术导轨（其中4条在前护木上）。

黑色涂装的HK416C卡宾枪

HK416C卡宾枪及弹匣

作战能力对比

M4卡宾枪

紧凑的外形和强大火力适合近身距离作战，这使M4卡宾枪受到反恐部队和特种部队的喜爱，这些优点也适用于城市战斗，因此在常规部队的步兵班中，以M16A4为主再搭配少量M4卡宾枪已成为流行的作战模式。在特种部队和空降部队等快速反应部队中，M4卡宾枪是主战武器，美国特种作战司令部（USSOCOM）把M4卡宾枪列为制式武器。

配有AN/PEQ-2A激光/红外线指示器的M4卡宾枪

除了美军外，M4卡宾枪及其改型/仿制型亦被多国特种部队及特警队所使用，多数出现在近战及城市战场。

M4卡宾枪及配件

HK416C卡宾枪

HK416C卡宾枪有着较高的命中率和较快的射速，根据HK公司原厂测试，HK416C的精度大约是4MOA（在100米的散布范围为12厘米）。

HK416C卡宾枪上方视角

手持状态下的HK416C卡宾枪

3.6 小口径群英：苏联/俄罗斯AK-74 VS 瑞士SG550 VS 德国HK G36

20世纪70年代，世界上吹起一股换装小口径步枪的风潮，武器学家经过研究，只要适度对子弹进行改造，就可以实现在缩小口径的情况下保持弹头的射杀威力。弹头破坏力的大小，不但取决于重量，更取决于速度。小口径子弹虽然质量较低，但是在初速提高的情况下还是可以保证动能的稳定。AK-74突击步枪、SSG550突击步枪与HK G36突击步枪就是小口径步枪中的代表，尽管使用了小口径弹药，但是杀伤力却并没有降低，相反地，这三款枪因为优良的战术性能，还一举成为世界小口径名枪。

AK-74突击步枪

SG550突击步枪

HK G36突击步枪

基本参数对比

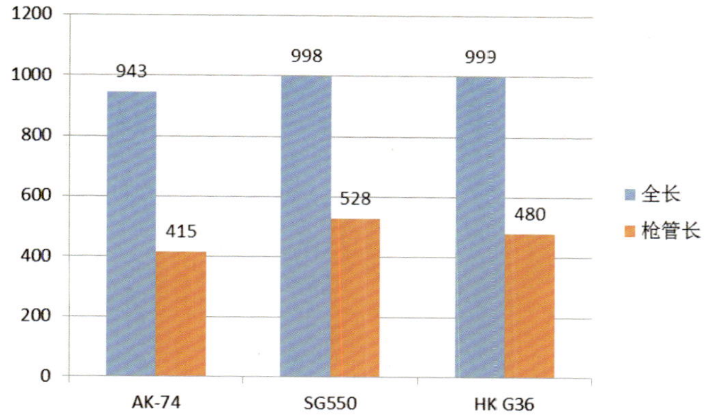

枪体尺寸大小对比（单位：毫米）

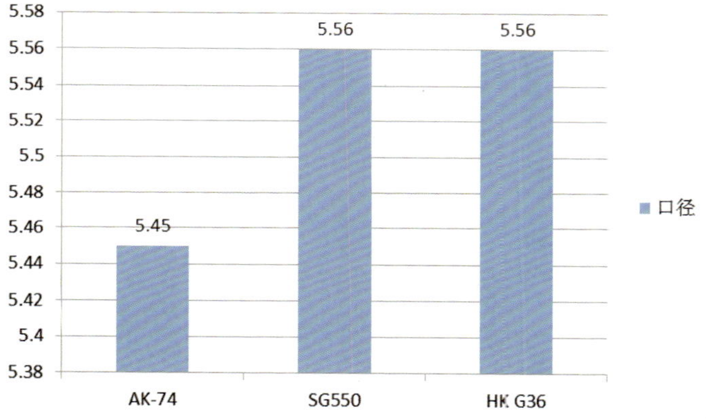

口径大小对比（单位：毫米）

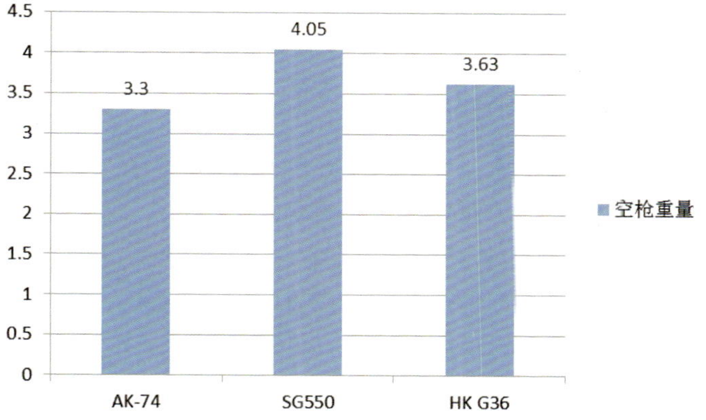

空枪重量对比（单位：千克）

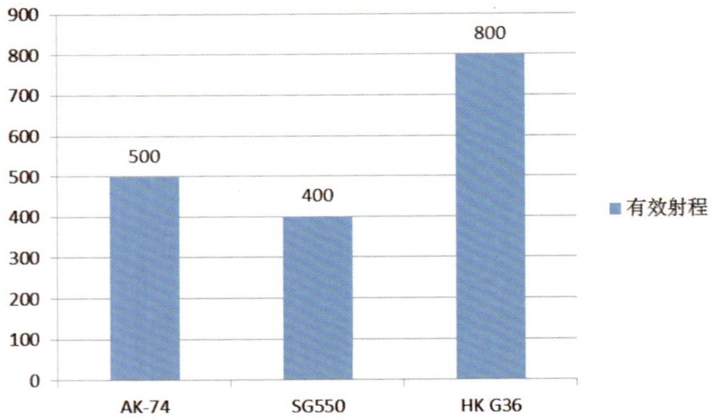

有效射程对比（单位：米）

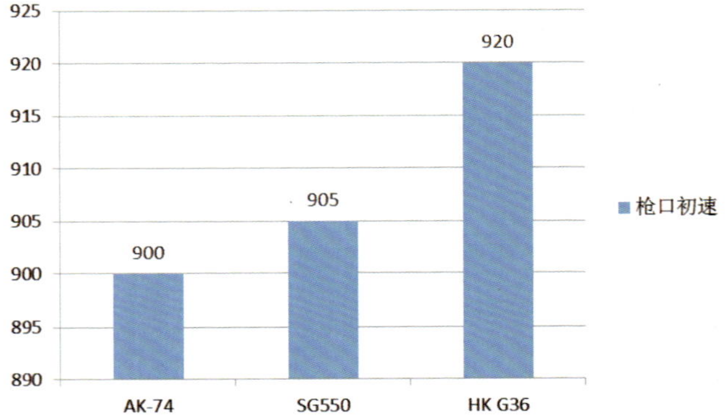

枪口初速对比（单位：米/秒）

■ 制造背景概述

AK-74突击步枪

20世纪60年代，苏联两位子弹设计家维克多·萨巴尼科夫与利迪亚·布拉夫斯科亚研制了一种5.6×42毫米口径的步枪弹，后来发展成被称为M74型的5.45×39毫米步枪弹。同时卡拉什尼科夫也在60年代开始对AKM步枪进行改进，缩小口径以发射小口径步枪弹，研制了一些发射5.45毫米弹的试验枪。

同时，在伊兹马什公司的两位设计师也设计了两种在AKM基础上改进的突击步枪——AL-4和AL-7，这两种枪采用一种独特的后坐系统，可以有效地提高命中精度。但经过对比，苏军最终决定采用卡拉什尼科夫研制的突击步枪，因为这种新枪的零件中有53%延用了AKM的零件，从生产和换装训练的角度说这是最经济实惠的。新枪定型后的型号为AK-74突击步枪，同时由于5.45×39毫米步枪弹也是在1974年开始大批量生产，因此也被称为1974型步枪弹。1974年11月7日AK-74突击步枪在莫斯科红场阅兵仪式上首次露面，在之后的数十年里一直是苏联/俄罗斯军队的制式装备。

整个AK-74枪族包括有突击步枪、短突击步枪和轻机枪，并经受了阿富汗和车臣战争的实战考验。东欧一些国家也装备有此枪并做了某些改进，阿联酋、约旦和叙利亚军队中也装备有AK-74突击步枪。

AK-74突击步枪后侧方特写

装备AK-74突击步枪的俄罗斯士兵

SG550突击步枪

20世纪70年代后期，在世界轻武器出现小口径浪潮的情况下，瑞士也决定寻求一种小口径步枪以取代部队装备的SG510系列7.62毫米步枪。1978年，在对40支改进的SG540和SG543突击步枪进行了一系列部队试验后，瑞士军械部拟订了一份招标细则。在细则中，除了人机工程学、坚固性和操作安全性方面的要求外，还着重提出了3项要求：一是新枪要既能满足普通步兵的需要，又能代替指挥员、坦克乘员、伞兵和特种部队使用的手枪；二是在300米距离上有良好的精度；三是质量应小于SG510式7.62毫米步枪。

在招标中瑞士伯尔尼武器工厂着手研制6.45毫米口径步枪，瑞士工业公司研制5.56毫米口径步枪。1980年9月24日，伯尔尼武器工厂和瑞士工业公司展示了各自的样枪，1981年中各交付400支样枪供部队试验。但不久军方决定放弃自己的6.45毫米口径而采用北约通用的5.56毫米口径。这样，瑞士工业公司的5.56毫米口径得到了军方的认可。 SG550步枪的雏形枪叫SG541步枪，是在SG540步枪的基础上改进而成的。后来，根据部队试验中提出的问题，又做了进一步改进。1983年2月，瑞士联邦议会决定采用瑞士工业公司研制的新枪，并正式命名为SG550突击步枪。

除瑞士陆军以外，还有巴西、智利、法国、德国、印度、印度尼西亚、马来西亚、马耳他、波兰、罗马尼亚、西班牙等国的军队或特种部队采用了SG550突击步枪。

搭在两脚架上的SG550突击步枪

装备SG550突击步枪的瑞士士兵

HK G36突击步枪

20世纪90年代，德国联邦国防军提出新的制式步枪计划，以取代7.62×51毫米的HK G3自动步枪。1993年9月，由德国联邦国防技术署对多种突击步枪进行评选，许多枪型因为未达到标准而遭到淘汰，只剩下德国本土的HK50步枪、奥地利的AUG步枪和英国的L85A1步枪，其中L85A1因为故障率太高最先被淘汰，而AUG也因为它的两段式扳机系统而落败，最终HK50胜出。

HK G36突击步枪前侧方特写

经过这次评选之后，德国联邦国防军在1995年决定采用HK50步枪，并要求HK公司对它进行改良，并将军用代号设为Gewehr 36，简称G36突击步枪。除德国外，还有多个国家及地区的军队及警察同样装备装备有G36，在沙特阿拉伯获授权生产。

士兵正在使用HK G36突击步枪

枪体构造对比

AK-74突击步枪

AK-74突击步枪是以AKM为基础，两者的原理、闭锁机构、供弹方式、击发发射机构等完全一样。但为了发射小口径的5.45毫米M74弹，对枪机、导气箍等都做了相应的改进。其中枪管膛线缠距缩短，使弹头转速高飞行稳定。另外枪机体的直径相应减小，使枪机框与枪的质量比上升到6：1，这种比例变化的优点是使步枪自动射击时更为可靠，但缺点是对拉壳组件强度要求更高，因此又对枪机、拉壳钩等强度要求高的零件进行了重新设计。此外，AK-74突击步枪还对枪膛进行镀铬，还增加了一个高效的枪口装置，这个枪口装置是AK-74与AKM在外形上的最大的区别。

AK-74突击步枪的照门仍为缺口式，卡拉什尼科夫认为缺口式照门的优点是瞄准速度快，不过比较起西方流行的觇孔式照门射击精度还是差了点，而且枪机撞击机匣的问题也没有解决，射击精度仍然是低于西方枪械。

AK-74突击步枪前后方特写

AK-74突击步枪分解图

SG550突击步枪

SG550突击步枪采用气动自动方式，回转枪机闭锁，可单连发射击，枪身大量采用冲压件和合成材料，大大减小了全枪质量。枪管用镍铬钢锤锻而成，枪管壁很厚，没有镀铬。消焰器长22毫米，其上可安装新型刺刀。标准型的SG550突击步枪有两脚架，以提高射击的稳定性。SG550突击步枪配用的弹匣是以半透明塑料制成的，在弹匣壁两侧附有弹匣连接卡笋，这能够使多个弹匣不需附加其他装置就可以很方便地并联在一起。

标准型的SG550突击步枪有两脚架，以提高射击的稳定性，准星有环式护圈保护，旋转式表尺，100米距离的近距离内采用缺口式照门，其他均为觇孔式照门。

折叠枪托状态的SG550突击步枪

SG550突击步枪分解图

HK G36突击步枪

HK G36突击步枪采用转栓式枪机、短行程活塞导气系统设计，最大的变革在于采用导气式自动原理。该枪机匣以碳纤维聚合物制造，清枪分解时无需专用工具。枪机拉柄在机匣上方，左右手皆可操作。各个型号的G36步枪都附有折叠枪托，折叠时不妨碍排壳口运作。该枪有单发、二连发、三连发和全自动发射模式，具体情况取决于不同型号的板机组。

HK G36突击步枪前侧方特写

装有战术配件的HK G36突击步枪

■ 作战能力对比

AK-74突击步枪

AK-74突击步枪的口径小，射速高，后坐力小。由于使用小口径弹药并加装了枪口装置，AK-74的连发散布精度大大提高，使用方便，未经过训练的人都能很轻松地进行全自动射击。根据民主德国的试验，在300米距离上，AK-47突击步枪和AKM突击步枪的命中率为29%，而AK-74突击步枪为40%。一个在阿富汗战争中获得红星勋章的苏联老兵说，他经常在450米甚至600米的距离上使用AK-74突击步枪。尽管如此，AK-74突击步枪的单发精度仍然较低，而且枪口装置导致枪口焰比较明显，尤其是在黑暗中射击。

AK-74突击步枪前侧方特写

AK-74突击步枪侧方特写

SG550突击步枪

SG550突击步枪的主要优点是精度高及可靠性优异，主要缺点是重量较大，导致其机动性降低等。

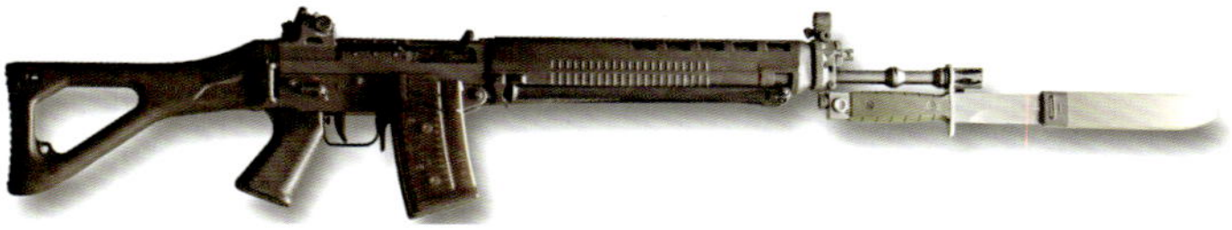

装有刺刀的SG550突击步枪

SG550突击步枪上方视角

HK G36突击步枪

HK G36突击步枪大量使用高强度塑料，质量较轻、结构合理、操作方便，模块化设计大大提高了它的战术性能。其模块化优势体现在，只用一个机匣，变换枪管、前护木就能组合成MG36轻机枪、G36C短突击步枪、G36E出口型、G36K特种部队型和G36标准型等多种不同用途的突击步枪。由于步枪的射击活动部件大都在机匣内，多种枪型使用同一机匣，步枪的零配件大为减少。在战场上，轻机枪的枪机打坏了，换上短突击步枪的枪机就可以使用。

HK G36突击步枪上方视角

士兵使用HK G36突击步枪进行任务训练

3.7 反器材悍器：美国M82 VS 英国AS50 VS 南非 NTW-20

现在及未来的地面战场上，充斥着步兵战车、轻型舰艇和直升机等轻型装甲目标，各种类型的通信、指挥、运输、雷达、后勤保障车辆等重要器材物资。为了打击这些重要目标，反器材步枪应运而生。M82是世界上最著名的狙击步枪之一，几乎是主要西方国家的军队都有使用，其改进型M107还获选“美军2005年十大军事发明”。凭借其优异性能，M82狙击步枪在12.7毫米狙击步枪市场上占据了统治地位，并引发了各国研制大口径反器材狙击步枪的热潮。英国的AS50狙击步枪拥有与M82狙击步枪相同的口径，配合12.7毫米弹药可以破坏汽车、发动机、防弹玻璃、装甲车、坦克履带、雷达等。同样作为反器材狙击武器，南非的NTW-20狙击步枪所用的弹药比前两者要大得多，它拥有14.5毫米与20毫米两种口径，由于大口径所产生的后坐力对步兵武器来说实在影响太大，这也让NTW-20成为世上极少数使用20毫米的反器材步枪之一。

M82狙击步枪

AS50狙击步枪

NTW-20狙击步枪

基本参数对比

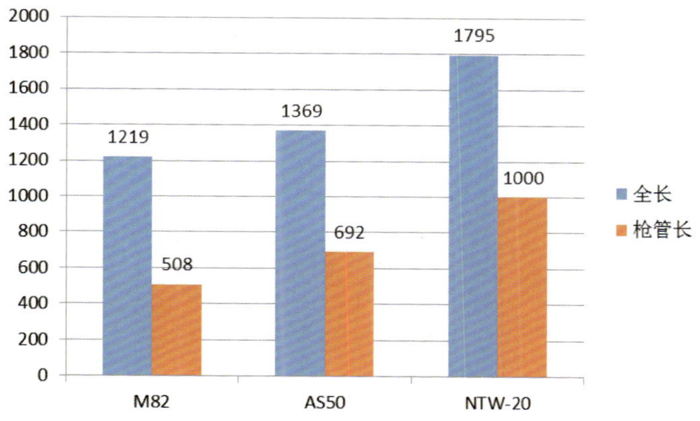

枪体尺寸大小对比（单位：毫米）

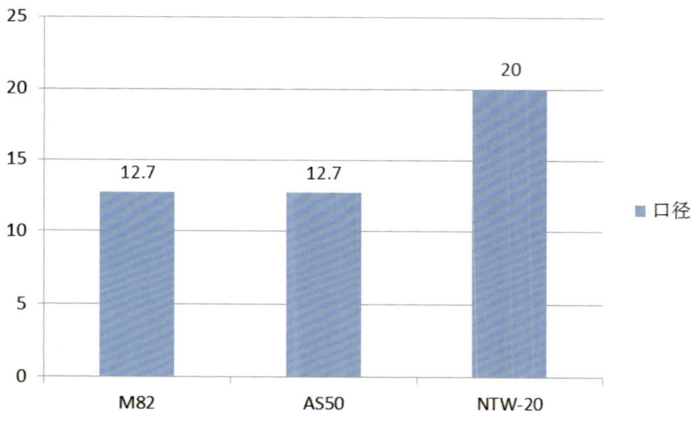

口径大小对比（单位：毫米）

注：NTW-20狙击步枪有20毫米和14.5毫米两种口径，本图只选具有代表性的口径作为参考对比。

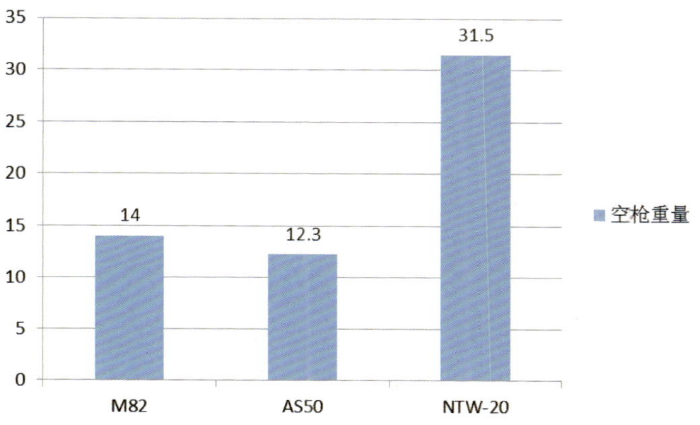

空枪重量对比（单位：千克）

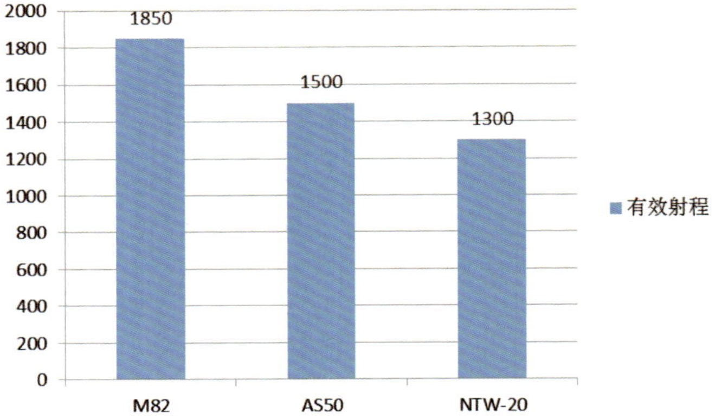

有效射程对比（单位：米）

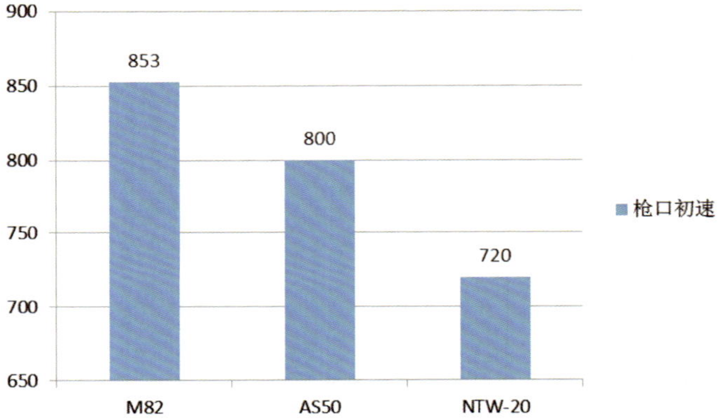

枪口初速对比（单位：米/秒）

■ 制造背景概述

M82狙击步枪

M82狙击步枪源自朗尼·巴雷特（Ronnie Barrett）确定的使用12.7×99毫米（.50 BMG）北约制式口径弹药的半自动狙击步枪专案。该口径弹药原本是勃朗宁M2HB重机枪所用。M82于20世纪80年代早期开始研发，1982年造出第一把样枪并命名。之后巴雷特继续研发，并于1986年发展出M82A1狙击步枪。1989年，瑞典率先采购了100支M82A1。1990年，美军宣布全面采用M82A1。1987年，更先进的无托型M82A2研发成功，降低后坐力的设计使其可以手持抵肩射击而不必使用两脚架，但M82A2并没有很成功地打入市场，很快就停产了。M82系列最新的产品是M82A1M，被美国海军陆战队大量装备并命名为M82A3。

M82狙击步枪前侧方特写

正在使用M82狙击步枪的美国士兵

AS50狙击步枪

AS50狙击步枪是英国精密国际（AI）专为特种作战研制的狙击步枪，主要用以打击敌方物资和无装甲或轻装甲作战装备的敌人。它在2005年1月美国拉斯维加斯枪展上首次公开展示，目前正被美国特种作战司令部（USSOCOM）下辖的多个特种部队测试中，其中包括大名鼎鼎的“海豹”突击队。

AS50狙击步枪前侧方特写

黑色涂装的AS50狙击步枪

NTW-20狙击步枪

NTW-20狙击步枪的研制始于1995年8月，最初由南非的埃罗泰柯（Aerotek）公司设计出了样枪，之后南非主要的军火商丹尼尔集团（DENEL Group）旗下的米切姆（Mechem）分公司购买了这项设计的所有权利。设计完成后的NTW-20狙击步枪拥有20毫米和14.5毫米两种型号，经过军队试验后，南非国防军在1998年正式采用该枪，同时丹尼尔集团对外出口，主要出口到印度、以色列与沙特阿拉伯等国。

NTW-20狙击步枪后侧方特写

装备NTW-20狙击步枪的士兵

枪体构造对比

M82狙击步枪

M82狙击步枪是枪管短后坐式半自动枪械，射击时枪管将后坐约25毫米，这时枪膛依然由回转式枪机安全闭锁的，经过短暂的后坐枪机开锁凸笋被推入机匣上的曲线开锁槽内，枪机回转把枪管开锁。当枪机开锁的同时枪机加速臂瞬间后压将枪管的一部分后坐能量传递给枪机使其完成动作循环。之后枪管后坐到位并被固定，枪机继续后坐弹出弹壳在枪机复进行程，枪机从弹匣推出一颗子弹并送进枪膛，最终回转式枪机跟枪管闭锁击针重新回到待击位置。

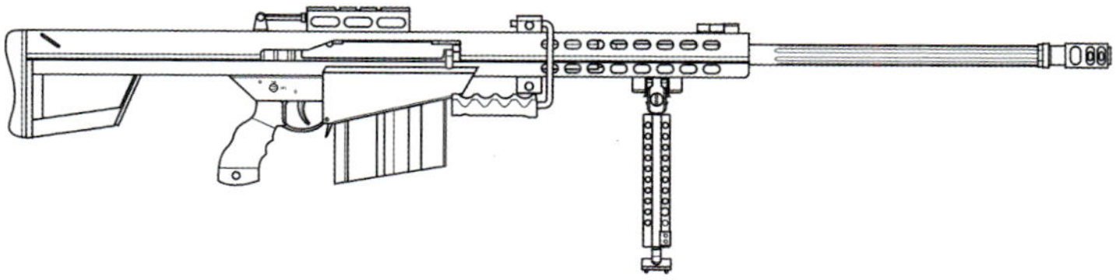

M82狙击步枪示意图

M82狙击步枪枪管设有凹孔增加散热和减重，还装有大而有效的枪口制退器。早期的M82A1的枪口制退器是圆柱形的，后改为V形制退器。这种V形制退器减少了69%的后坐力。所有的M82都有可折叠式提把和两脚架，其中M82A3可以拆卸。M82A3有分离式枪托，枪托内有柔软填充物和特种橡胶后坐垫，可以抵消射击后坐力。

M82狙击步枪前侧方特写

AS50狙击步枪

AS50狙击步枪的枪管为自由浮动式，并以螺丝装上枪口制动器。其钢制机匣装有一条不可移除的全长式战术导轨，以便安装日间/夜间光学狙击镜或夜视镜等战术配件。另外两条较短的导轨安装在护木两侧，可以安装战术灯或激光瞄准器。AS50狙击步枪配有长度可调的两脚架，位于步枪重心前方，能迅速地转移目标，不使用时可以折叠或快速拆卸。该枪的后脚架、后握把也能够提高在地面上的稳定性，或是让射手紧握以分散更多的后坐力，不使用时也可以折叠起来。

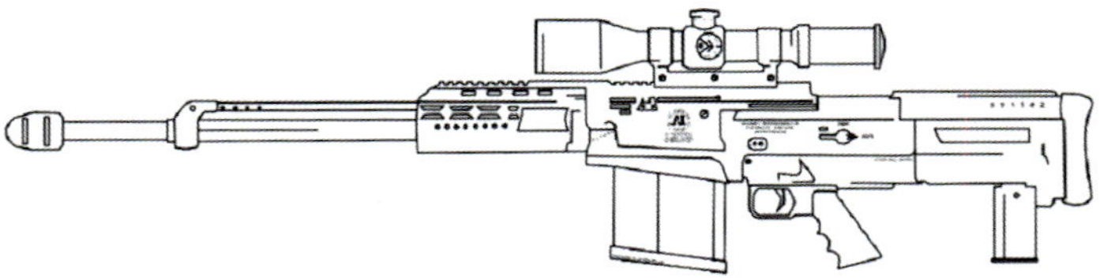

AS50狙击步枪示意图

AS50狙击步枪局部特写

NTW-20狙击步枪

NTW-20狙击步枪采用枪机回转式工作原理，枪口设有体积庞大的双膛制动器，可以将后坐力保持在可接受的水平。米切姆公司还设计了一种减震缓冲枪架，用于城区及相似环境中的反狙击手作战。NTW-20狙击步枪没有安装机械瞄准具，但装有具备视差调节功能的8倍放大瞄准镜。机匣下设有折叠双脚架，机匣上有一个提把和一个瞄准镜保护框架。

NTW-20狙击步枪局部特写

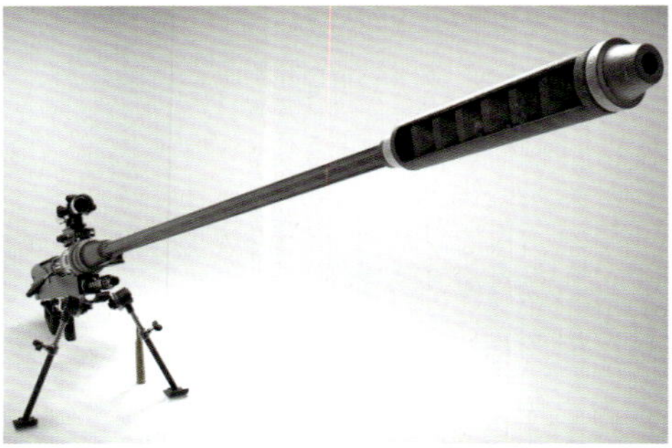

NTW-20狙击步枪枪管特写

作战能力对比

M82狙击步枪

目前M82狙击步枪是美军唯一的“特殊用途的狙击步枪”，可以用于反器材攻击和引爆弹药库。它具有超过1500米的有效射程，甚至有过2500米的命中纪录，超高动能搭配高能弹药，可以有效摧毁雷达站、卡车、战斗机（停放状态）等战略物资。由于M82可以打穿许多墙壁，因此也被用来攻击躲在掩体后的人员，不过这并不是其主要用途。

正在使用M82狙击步枪的美国士兵

射击状态下的M82狙击步枪

AS50狙击步枪

AS50狙击步枪采用了气动式半自动枪机和枪口制动器，令AS50发射时能感受到的后坐力比AW50手动枪机狙击步枪低，并能够更快地狙击下一个目标。AS50狙击步枪还具有符合人体工程学和轻便等优点。它可以在不借助任何工具的情况下于3分钟之内完成分解或重新组装。据说，AS50可以对超过1500米距离的目标进行精确狙击，精度不低于1.5MOA。

AS50狙击步枪前方特写

AS50狙击步枪右侧方特写

NTW-20狙击步枪

NTW-20狙击步枪的设计宗旨是要为成为一种可用作打击多种目标（如停放的飞机、通信桅杆、电源线、导弹阵地、雷达装置、炼油厂、卫星天线和人员等）的多用途狙击步枪，并可发射各种特殊弹药（如训练弹、高爆燃烧弹、穿甲燃烧弹等）。除了特种作战性质外的反器材任务外，NTW-20狙击步枪也可以当作一种比轻型迫击炮更精准的支援武器，用来射击敌方的机枪阵地或碉堡等目标。该枪可以很容易地从一种口径转换到另外一种口径，只是将枪管、枪机、弹匣和瞄准镜等简单替换，在作战状态中大约不超过1分钟，灵活性非常强。

南非士兵正在使用NTW-20狙击步枪

NTW-20狙击步枪侧方特写

3.8 远距杀手：美国TAC-50 VS 英国AWM

在狙击步枪的大家族中，往往会有一些极具特色的型号，它们因为射程极远，令人叹为观止。美国的TAC-50狙击步枪与英国的AWM狙击步枪都曾创下过最远狙击距离的纪录。2002年，在阿富汗“巨蟒行动”中，一名加拿大狙击手使用TAC-50狙击步枪在2415米的距离下，击中一名恐怖分子，创下当时的最远狙击距离纪录。2009年11月，英国陆军中士克雷格·哈里森在阿富汗南部赫尔曼德省穆萨堡山区使用一支 AWM狙击步枪在2475米外射杀两名塔利班武装人员，创下当时世界远程狙击的新纪录。

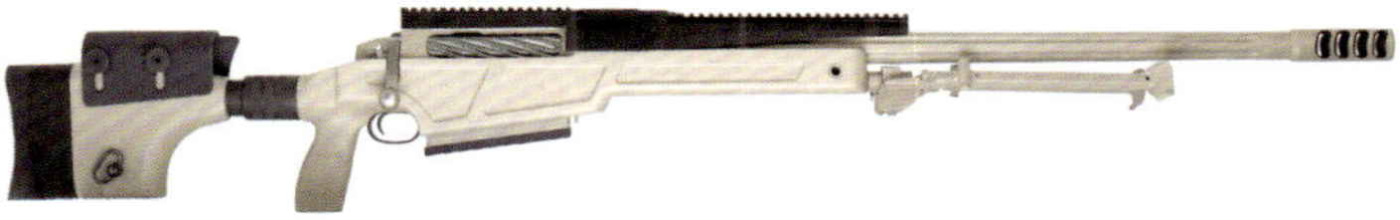

TAC-50狙击步枪

AWM狙击步枪

■ 基本参数对比

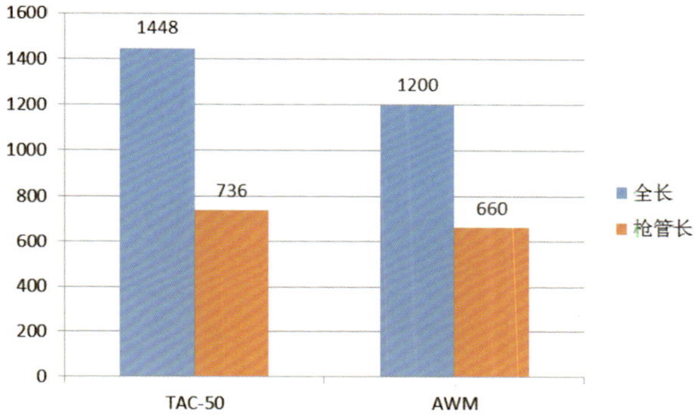

枪体尺寸大小对比（单位：毫米）

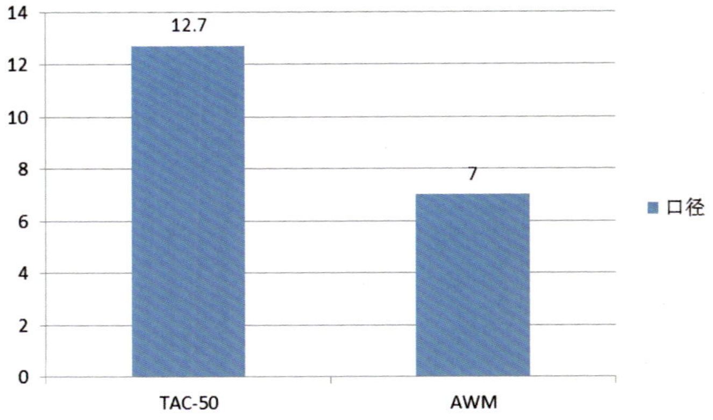

口径大小对比（单位：毫米）

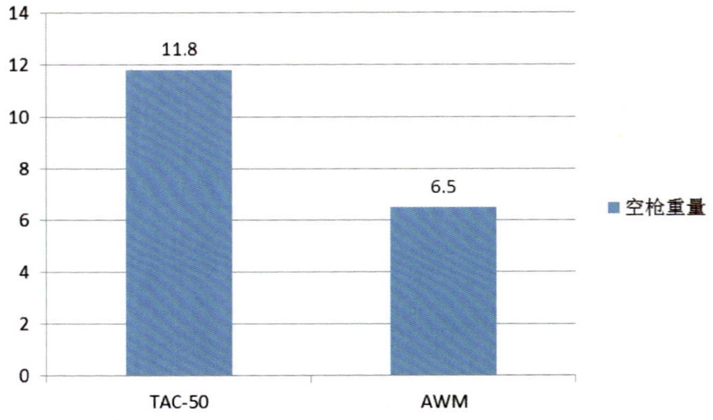

空枪重量对比（单位：千克）

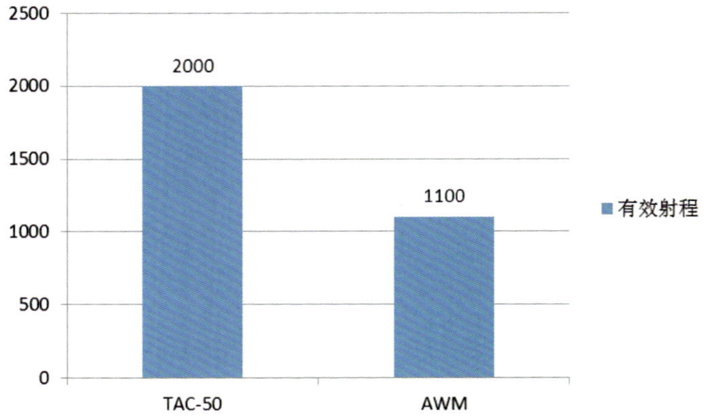

有效射程对比（单位：米）

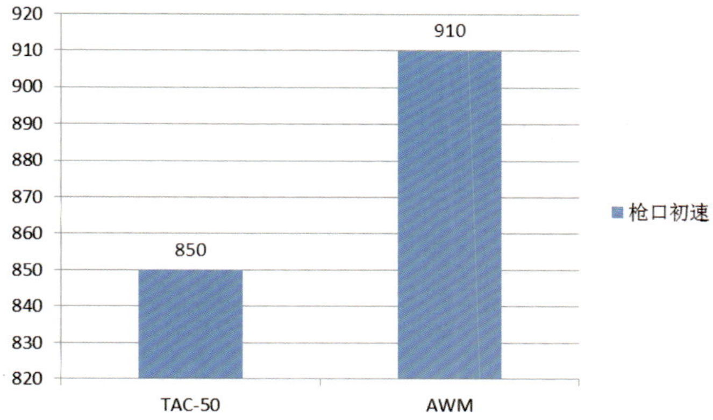

枪口初速对比（单位：米/秒）

制造背景概述

TAC-50狙击步枪

TAC-50狙击步枪是由麦克米兰兄弟步枪公司在1980年推出的。TAC-50有两大用户；一是加拿大军队，在2000年作为制式狙击枪使用，并重新命名为“C15长程狙击武器”；第二大用户为美军，在长距离狙击时，美军一般会选择TAC-50狙击步枪，而巴雷特M82狙击步枪在美军中常用作反器材武器使用。美国海军“海豹”突击队也采用了TAC-50，命名为Mk 15狙击步枪。除此之外，TAC-50狙击步枪的用户还包括法国海军突击队、格鲁吉亚陆军特种部队、约旦特别侦察团、波兰陆军特种部队、南非警察特别任务队、土耳其陆军山区突击队、以色列特种部队和秘鲁陆军等。

士兵正在使用TAC-50狙击步枪

狙击手与TAC-50狙击步枪

AWM狙击步枪

AWM狙击步枪是英国精密国际针对狩猎竞技者的需求而开发，由原本的AW系列狙击步枪改良而来，原本以狩猎为主，后来也普及到军事层面，用以提升远程杀伤力。与AW系列狙击步枪相比，AWM狙击步枪使用威力更强大的弹药，曾创造最远射杀的世界纪录。除英国外，AWM还被德国和美国采用，分别命名为G22和M86。

AWM狙击步枪前侧方特写

AWM狙击步枪后侧方特写

枪体构造对比

TAC-50 狙击步枪

TAC-50 狙击步枪采用旋转后拉式枪机，装有比赛级浮置枪管，枪管表面刻有线槽以减轻重量，枪口装有高效能制动器以缓冲12.7毫米口径枪弹的强大后坐力，由可装5发子弹的可分离式弹仓供弹，采用麦克米兰玻璃纤维强化塑胶枪托，枪托前端装有两脚架，尾部装有特制橡胶缓冲垫，整个枪托尾部可以拆下以方便携带。

黑色涂装的TAC-50 狙击步枪

TAC-50狙击步枪及枪盒

AWM狙击步枪

AWM狙击步枪的弹匣容量只有单排5发。弹匣宽16毫米，高101毫米，该弹匣从原理上讲可以装6发。不过这样只有在枪机开启状态时弹匣才能完全插入，如果枪机处于闭锁位置，只有装5发弹的弹匣才能插入到位。AWM的后托上有一个后脚架，可由螺纹调整高低，不过由于螺纹相当精细，调节过程很费时间。

AWM狙击步枪局部特写

AWM狙击步枪后侧方特写

作战能力对比

TAC-50 狙击步枪

TAC-50 狙击步枪使用12.7×99毫米北约制式口径子弹，破坏力惊人，狙击手可用来对付装甲车辆和直升机。

TAC-50狙击步枪前侧方特写

士兵正在使用TAC-50狙击步枪进行射击训练

AWM狙击步枪

AWM狙击步枪使用的.300温彻斯特-马格南（7.62×67毫米）步枪弹大幅增加了枪口初速和动能，因此在较远距离上的终点能量也较高，此外它的精度也优于普通的.308温彻斯特（7.62×51毫米）枪弹，而只是比最好的比赛级.308温彻斯特枪弹稍逊一筹，但抗风偏的能力较强。

AWM狙击步枪侧方特写

伪装过后的AWM狙击步枪

第4章 冲锋枪巅峰对决

冲锋枪又称短机枪、短机关枪、机关短枪或次机枪，是介于手枪和步枪之间的武器，比步枪短小轻便，便于突然开火，射速高，火力猛，适用于近战或冲锋，因而得名“冲锋枪”，在人类战争史上有举足轻重的作用。

4.1 二战骁将：美国“汤普森”VS 英国“斯登”VS 德国MP40 VS 苏联/俄罗斯PPSh-41

作为二战时期著名的几种冲锋枪，“汤普森”、“斯登”、MP40以及PPSh-41几乎成为当时主战国的步兵标志性装备。作为同一时期的同类武器，免不了要将这四种冲锋枪进行对比。就火力持续性方面来说，“汤普森”冲锋枪与PPSh-41冲锋枪相近并优于其他两种冲锋枪，但是在操作灵活性上面，“汤普森”冲锋枪又逊于其他三种冲锋枪。据统计，二战期间，“汤普森”冲锋枪的产量达到140多万支，“斯登”冲锋枪达到400多万支，MP40冲锋枪约有100万支，PPSh-41冲锋枪更是接近600万支。不过限于当时的生产材料和加工工艺，这四种冲锋枪共同存在着长期使用后枪管膛线磨损严重、射程和精度严重下降的问题。

“汤普森”冲锋枪

“斯登”冲锋枪

MP40冲锋枪

PPSh-41冲锋枪

■ 基本参数对比

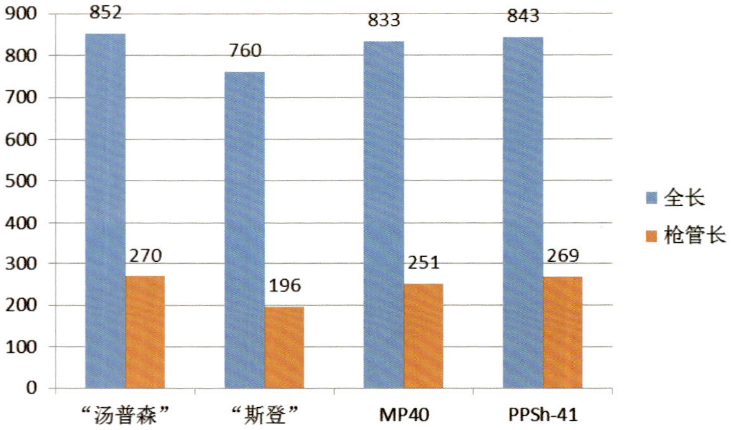

枪体尺寸大小对比（单位：毫米）

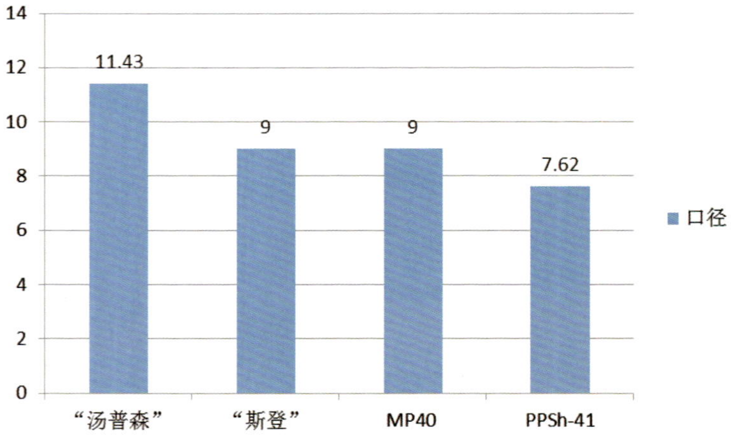

口径大小对比（单位：毫米）

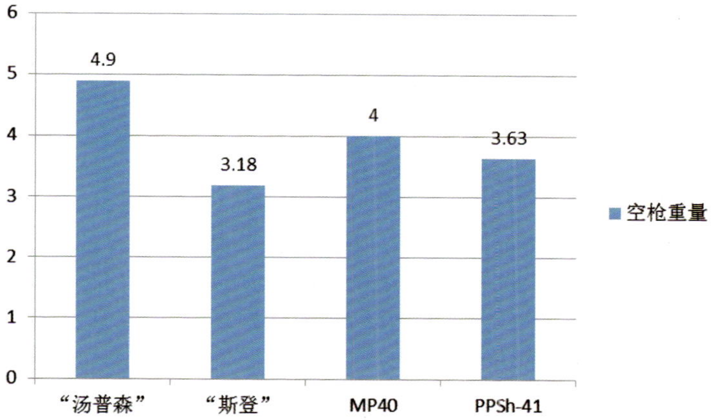

空枪重量对比（单位：千克）

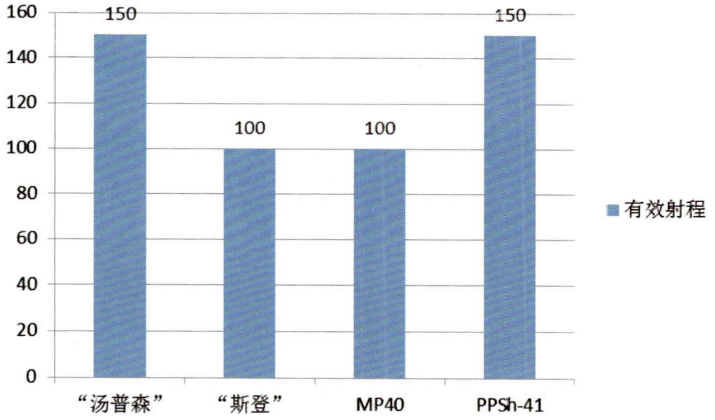

有效射程对比（单位：米）

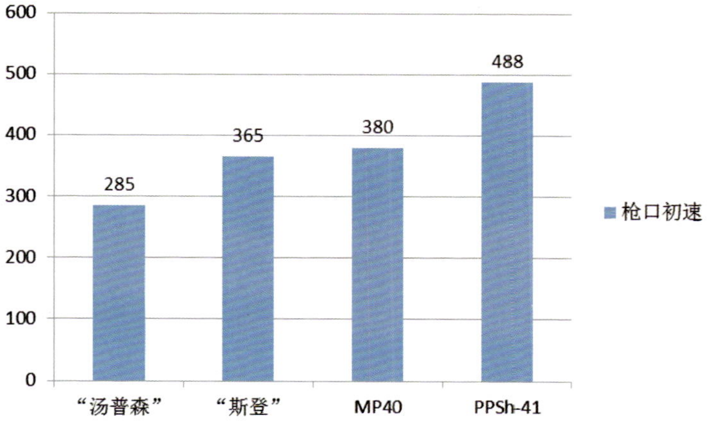

枪口初速对比（单位：米/秒）

■ 制造背景概述

“汤普森”冲锋枪

1916年，汤普森和汤姆斯·F.莱恩合伙创办了一家自动军械公司，“汤普森”冲锋枪是该公司成立后研发的最著名的武器之一。该枪刚面世时性能并不完善，随后汤普森对其进行了一系列的改良，最终于1918年推出了最终版“汤普森”冲锋枪。正当准备将其运到欧洲战场时，战争已结束。因此“汤普森”冲锋枪并没有真正得到运用，虽然可以销往民间，但其昂贵的价格使得购买者为数不多。1938年，“汤普森”冲锋枪转而服役于美国军队，参加了二战期间太平洋战区及欧洲战区以后的一些战役。

二战时期使用“汤普森”冲锋枪的美国士兵

珍珠港事件后，美国加入了战争。1944年，诺曼底登陆将“汤普森”冲锋枪带进了欧洲战场，自此，“汤普森”冲锋枪和PPSh-41冲锋枪在二战欧洲战场上并肩作战。

“汤普森”冲锋枪前侧方特写

“斯登”冲锋枪

“斯登”冲锋枪的诞生源于二战初期，那时候英军没有制式冲锋枪，因此只能从美国购买“汤普森”冲锋枪。不过，“汤普森”冲锋枪价格比较昂贵。另一方面，英军从德军缴获了大量9毫米口径枪弹。鉴于这两个原因，英军打算自己设计一种冲锋枪，要求既轻巧又便宜，而且还能使用缴获来的枪弹。之后，“斯登”冲锋枪应运而生。“斯登”冲锋枪的出现解决了英国的燃眉之急，作为应急武器，它是成功的范例。英军一直采用“斯登”冲锋枪至20世纪60年代。它在法国抵抗组织及其他地下部队中同样十分流行，消音型版本更是成为二战时期英国陆军特种空勤团用来渗透敌方时所装备的特种武器。

展览中的“斯登”冲锋枪

“斯登”冲锋枪上方视角

MP40冲锋枪

MP40冲锋枪是枪械设计师海因里希·沃尔默于20世纪30年代在MP18冲锋枪的基础上改进而来的，这种改进后的冲锋枪最初被命名为MP38。二战开始后，为了满足德军对冲锋枪的需求，海因里希·沃尔默又对MP38冲锋枪做进一步改进，此次改进主要是简化枪械机构和生产工艺，便于大量生产，这种攻进后的冲锋枪被命名为MP40。随着生产量的加大，MP40冲锋枪普遍装备德军基层部队，成为受到作战部队欢迎的自动武器。该枪不但装备了德军装甲部队和伞兵部队，在步兵单位的装备比例也不断增加，总是优先配发给一线作战部队。

MP40冲锋枪右侧方特写

MP40冲锋枪的打靶成绩

PPSh-41冲锋枪

二战爆发后，德国猛烈的攻击迫使苏联将兵工厂转移到交通不便、条件艰苦的偏远地区。新建的兵工厂面临机械设备陈旧、人员劳动力不足等诸多问题。苏军之前装备的PPD-40冲锋枪，其组成结构复杂，制造工艺烦琐，而且成本较高。而此时苏军面临“非常时期”，无法大量生产PPD-40冲锋枪。在此背景下，格奥尔基·谢苗诺维奇·什帕金采用了“非常方法”，他以PPD-40冲锋枪为基础，将其结构简化再简化，最终在1940年设计出了一种新型冲锋枪，命名为PPSh-41冲锋枪。

生产一支PPD-40冲锋枪需要13.7个工时，而生产一支PPSh-41仅需7.3个工时，因此PPSh-41被大量生产，并装备于苏军。苏军常常整排地装备此枪，使他们在近距离上取得无法比拟的火力优势。在斯大林格勒战役中，PPSh-41冲锋枪起到了非常重要的作用。尽管苏联于1951年已经以AK-47突击步枪取代了PPSh-41冲锋枪，但之后有很长一段时间该枪仍在世界各地被各种军队和民兵所使用。

带有弹鼓的PPSh-41冲锋枪

PPSh-41冲锋枪后侧方特写

枪体构造对比

“汤普森”冲锋枪

“汤普森”冲锋枪使用开放式枪机，即枪机和相关工作部件都被卡在后方。当扣动扳机后枪机被放开前进，将子弹由弹匣推上膛并且将子弹发射出去，再将枪机后推，弹出空弹壳，循环操作准备射击下一颗子弹。该枪采用鼓式弹匣，射速最高可达1200发/分。

“汤普森”冲锋枪局部特写

“汤普森”冲锋枪分解图

“斯登”冲锋枪

“斯登”冲锋枪采用简单的内部设计，横置式弹匣、开放式枪机、后坐作用原理，弹匣装上后可充当前握把。“斯登”冲锋枪有多种分支型号。第一种Mk-Ⅰ型采用自由式开锁枪机结构和极为少见的左侧水平弹匣供弹方式，枪身由轧制钢制成。射击方式可以在全自动和半自动之间切换。枪口装有类似汤勺形状的消焰器，还可以安装刺刀。英国皇家轻武器兵工厂生产的Mk-Ⅱ型，与Mk-Ⅰ型相比，体积更小、重量更轻，是“斯登”式冲锋枪中产量最高的一种型号。

“斯登”冲锋枪不同角度特写

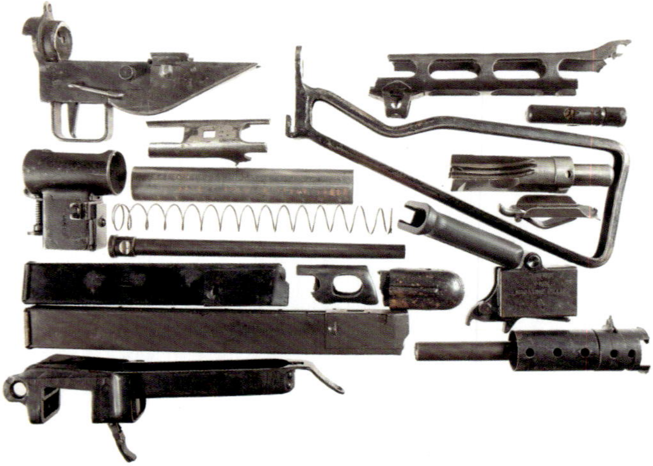

“斯登”冲锋枪分解图

MP40冲锋枪

MP40冲锋枪发射9毫米口径鲁格弹，以直型弹匣供弹，采用开放式枪机原理、圆管状机匣，移除枪身上传统的木制组件，握把及护木均为塑料。该枪的折叠式枪托使用钢管制成，可以向前折叠到机匣下方，以便于携带，枪管底部的钩状座可由装甲车的射孔向外射击时固定在车体上。

MP40冲锋枪前侧方特写

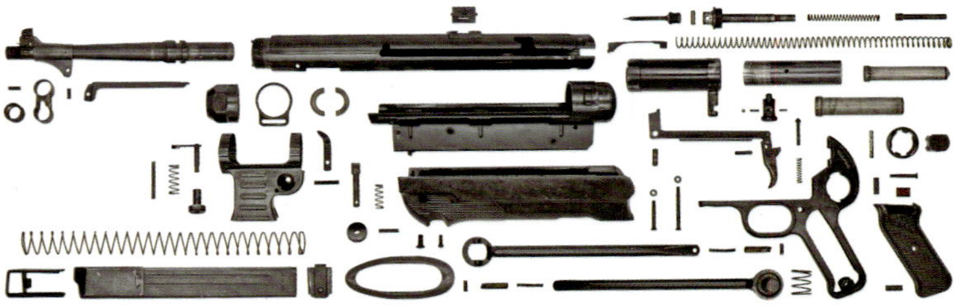

MP40冲锋枪分解图

PPSh-41冲锋枪

PPSh-41冲锋枪采用自由式枪机原理，开膛待机，带有可进行连发、单发转化的快慢机，发射7.62×25毫米托卡列夫手枪弹（苏联标准手枪和冲锋枪使用的弹药）。PPSh-41冲锋枪具有一个铰链式机匣以便不完全分解和清洁武器。枪管和膛室内侧均进行了镀铬防锈处理，这一在当时绝无仅有的设计赋予了PPSh-41惊人的耐用性与可靠性。

不同角度的PPSh-41冲锋枪

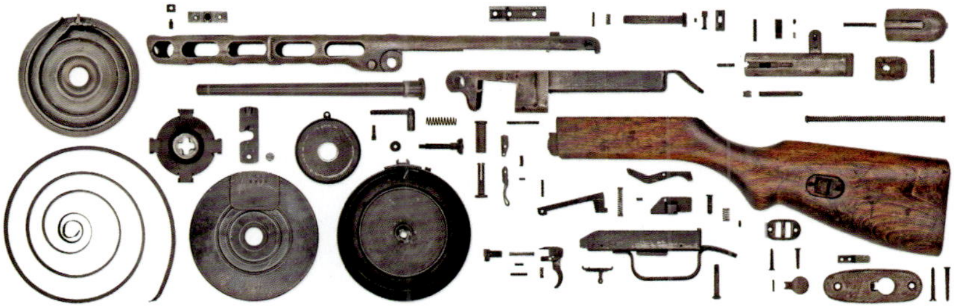

PPSh-41冲锋枪分解图

作战能力对比

"汤普森"冲锋枪

"汤普森"冲锋枪采用的是11.43毫米ACP手枪弹，该枪弹是公认目前为止军用制式弹药里面威力最大的。"汤普森"接触雨水、灰尘或泥后的表现比同时代其他冲锋枪要优秀，但是它的重量及后坐力较大，瞄准也较难。在太平洋战区中，澳大利亚陆军与其他英联邦部队最初在丛林巡逻及埋伏中大量使用"汤普森"冲锋枪，因为其强大的火力可极快完成战斗。美军方面，美国海军陆战队将"汤普森"冲锋枪列为限制供应的武器，尤其是在之后的岛屿攻击。实战中"汤普森"冲锋枪的效果实在有限，因为在丛林覆盖的地方，低射速的11.43毫米子弹既不会穿透大多数的小直径树木，亦不会打穿防弹衣。尽管如此，"汤普森"仍然是最具威力及可靠的冲锋枪之一。

装有弹鼓的“汤普森”冲锋枪

“汤普森”冲锋枪上方视角

“斯登”冲锋枪

“斯登”冲锋枪使用9毫米口径枪弹，可以使其在室内与堑壕战中发挥持久火力，此外，它紧致的外形与轻量化让它具备绝佳的灵活性。“斯登”冲锋枪的后坐力小，在战场中移动攻击时非常有利。它的好处在于便于生产，其弹匣可以与MP40通用，还可以加装消音器。不过“斯登”冲锋枪的弊端也不少，比如该枪造型独特，射击时候必须一手拖住枪托，另一手在侧面抓住弹匣，在枪身上下移动时候很费力，只适合水平扫射。而且“斯登”冲锋枪的射击精准度不佳，经常走火，极易因供弹可靠性差而卡弹。

“斯登”冲锋枪前侧方特写

装有弹匣的“斯登”冲锋枪与弹鼓

MP40冲锋枪

MP40冲锋枪采用的是9毫米帕拉贝鲁姆手枪弹，该款枪弹是现今公认的精度比较好的手枪弹。该枪弹性能稳定，特别是弹道也相对平直，因此造就了它的高精度，但同时也造就了它杀伤力比较小的不足。MP40冲锋枪结构简单但设计精良，在近身距离作战中可提供密集的火力，是受到德军作战部队欢迎的自动武器。

与其他几种冲锋枪相比，MP40冲锋枪无疑是容易控制的武器，它的后坐力相对较小，在扫射中可以准确地把密集的枪弹射向对方。在非极冷的气候下，它的供弹可靠性很强，基本没有卡壳的危险。

MP40冲锋枪及弹匣

MP40冲锋枪及配件

PPSh-41冲锋枪

PPSh-41冲锋枪采用7.62×25毫米托卡列夫手枪弹，能够以约1000发/分的射速射击，射速与当时其他大多数军用冲锋枪相比而言是非常高的。该枪可以承受腐蚀性弹药，可以在各种恶劣环境下使用，并可延长其清洁间隔时间。由于较短的自动机行程，加上较好的精度，该枪三发短点射基本能命中同一点。

PPSh-41冲锋枪前侧方特写

PPSh-41冲锋枪的最大特点就是由于它的大容量弹鼓，所以其火力持续性绝对无人可以匹敌，短时间内足以压制对方火力，所以也就造成德军部队近距离很难对抗苏军的火力威胁。

PPSh-41冲锋枪上方视角

4.2 新起之秀：德国MP5 VS 以色列“乌兹”VS 意大利M12

二战结束后，西方主要军事大国开始研制新一代冲锋枪，这一代冲锋枪普遍使用9×19毫米帕拉贝鲁姆北约标准手枪弹，是近战对抗利器。在第三代冲锋枪界中有三种枪成为了“佼佼者”，它们来自不同的国家，分别是德国的MP5冲锋枪、以色列的“乌兹”冲锋枪和意大利的M12冲锋枪。这三支名枪成为这一代冲锋枪的典型代表，它们各具民族特色，而且在银幕上的知名度非常高，在各类枪战游戏中也经常出现，成为军迷们的热议话题。

MP5冲锋枪

“乌兹”冲锋枪

M12冲锋枪

基本参数对比

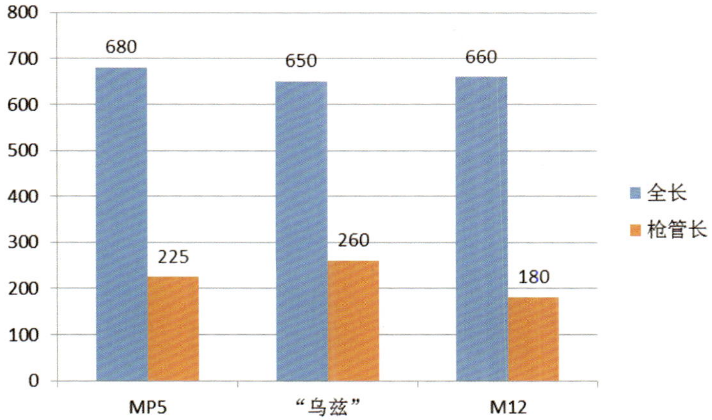

枪体尺寸大小对比（单位：毫米）

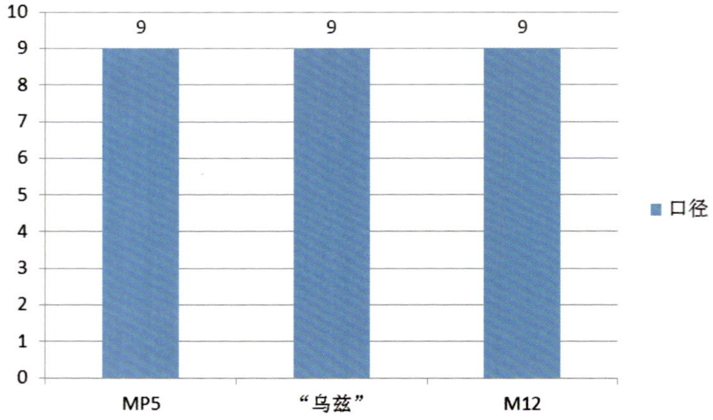

口径大小对比（单位：毫米）

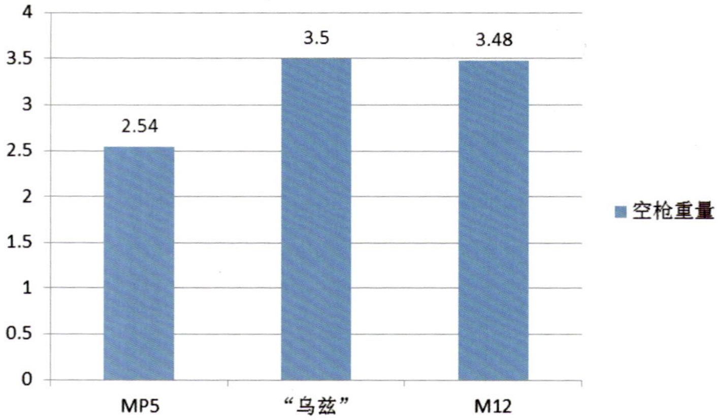

空枪重量对比（单位：千克）

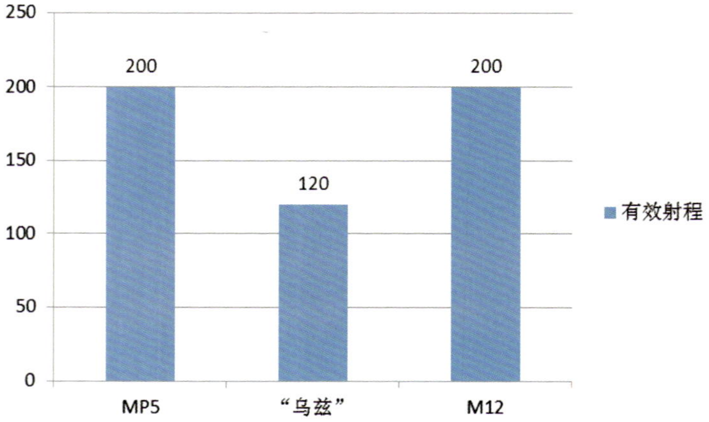

有效射程对比（单位：米）

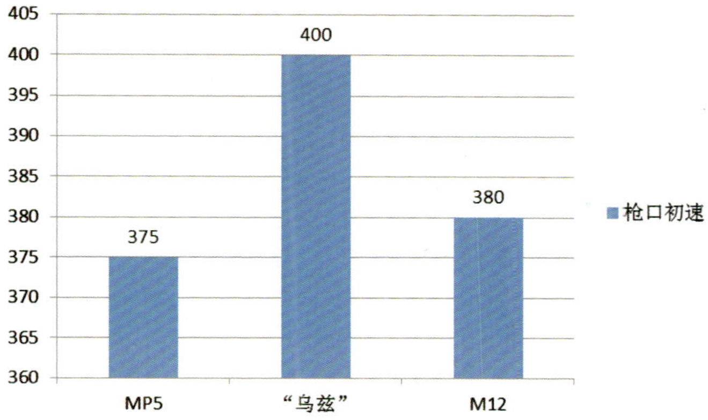

枪口初速对比（单位：米/秒）

制造背景概述

MP5冲锋枪

20世纪50年代初，北约和华约开始进行冷战对峙阶段，1954年联邦德国制订了新的军备计划，并开展了与制式步枪不同的制式冲锋枪试验，以此为促进国产冲锋枪的研制开发。联邦德国国内各大枪械公司参加了这次试验，而一些国外的进口枪也参与其中。

同年，为参加这次试验，HK公司的设计师也开始了命名为“64号工程”的设计工作，这项设计的成品是使G3步枪小型化的冲锋枪，命名为HK54冲锋枪。20世纪60年代初，HK公司忙于G3步枪的生产，未能顾及HK54的发展，直到1964年HK54尚未投入生产，仅有少量试制品。1965年，HK公司才公开了HK54，并向联邦德国军队、国境警备队和各州警察提供试用的样枪。1966年秋，联邦德国国境警备队将试用的HK54命名为MP5冲锋枪。这个试用的名称就这样沿用至今。同年瑞士警察也采用了MP5，成为第一个联邦德国以外采用MP5的国家。1970～2000年，MP5系列更一直保持其用户数量及冲锋枪的领导地位。

MP5冲锋枪上方视角

展览中的MP5冲锋枪

“乌兹”冲锋枪

1948年阿以战争中，以色列人发现他们自己缺乏一种有效的冲锋枪。为此，以色列国防军上尉乌兹•盖尔（Uziel Gal）参照捷克斯洛伐克Vz 23系列冲锋枪和ZK476式冲锋枪的结构特点，并充分考虑到中东地区的沙漠环境条件，设计成功了一支冲锋枪——“乌兹”冲锋枪。当时的“乌兹”冲锋枪是军官、车组成员及炮兵部队的自卫武器，也是精英部队的前线武器。参加六日战争的以色列士兵认为“乌兹”冲锋枪的紧凑外形及火力十分适合于战场，因此对该枪爱不释手。

“乌兹”冲锋枪前侧方特写

“乌兹”冲锋枪上方视角

M12冲锋枪

伯莱塔M12冲锋枪是由意大利伯莱塔公司制造生产的，1961年开始成为意大利陆军的制式冲锋枪，亦是部分非洲及南美国家的制式武器，巴西及印度尼西亚获授权特许生产。M12的改进型伯莱塔M12S在1978年推出，M12S与M12的口径相同，但改用32发弹匣。

伯莱塔M12冲锋枪上方视角

使用伯莱塔M12冲锋枪的美国士兵

枪体构造对比

MP5冲锋枪

MP5冲锋枪采用了与G3自动步枪一样的半自由枪机和滚柱闭锁方式，当武器处于待击状态在机体复进到位前，闭锁楔铁的闭锁斜面将两个滚柱向外挤开，使之卡入枪管节套的闭锁槽内，枪机便闭锁住弹膛。射击后，在火药气体作用下，弹壳推动机头后退。一旦滚柱完全脱离卡槽，枪机的两部分就一起后坐，直到撞击抛壳挺时才将弹壳从枪右侧的抛壳窗抛出。

枪盒中的MP5冲锋枪

MP5冲锋枪分解图

“乌兹”冲锋枪

“乌兹”冲锋枪采用开放式枪机、后坐作用设计，机匣采用低成本的金属冲压方式生产，以减小生产成本及所需的金属原料，亦缩短了生产所需的时间，而且更容易进行维护及维修。但该枪对沙尘的相容性较低，当击锤释放时，退壳口会同时关上以防止沙尘进入机匣造成故障。

“乌兹”冲锋枪右侧方特写

“乌兹”冲锋枪不完全分解图

M12冲锋枪

M12冲锋枪采用气体反冲式设计，空枪重量为3.48千克（装弹后约3.82千克），展开枪托后长度为660毫米，折起枪托后只有418毫米。M12采用环包枪膛式设计，枪管内外经镀铬处理，长200毫米，其中150毫米是由枪机包覆，这种设计有助缩短整体长度。M12可全自动和单发射击，开放式枪机射速为550发/分，初速为380米/秒，有效射程为200米，后照门可设定瞄准距离为100米或200米。M12有20发、32发、40发三种容量的弹匣。

装有伸缩枪托的M12冲锋枪

单手握持下的M12冲锋枪

作战能力对比

MP5冲锋枪

虽然MP5冲锋枪有高命中精度、可靠、后坐力低及威力适中的优点，但它结构复杂，容易故障，单价高昂，且空枪较新一代的冲锋枪重。MP5使用手枪子弹虽然可在混战或匪徒胁持人质的场面中防止误杀队友或人质，但无法有效贯穿防弹衣，而且射程不远，难以应付在较远距离着防弹衣的敌人。

手持状态下的MP5冲锋枪

加装消音器的MP5冲锋枪

“乌兹”冲锋枪

“乌兹”冲锋枪最突出的特点是和手枪类似的握把内藏弹匣设计，能使射手在与敌人近战交火时迅速更换弹匣（即使是黑暗环境），保持持续火力。不过这个设计也影响了全枪的高度，导致卧姿射击时所需的空间更大。此外，在沙漠或风沙较大的地区作战时，射手必须经常分解清理“乌兹”冲锋枪，以避免射击时出现卡弹等情况。

“乌兹”冲锋枪后侧方特写

加装消音器的“乌兹”冲锋枪

M12冲锋枪

M12冲锋枪可以全自动和单发射击，后照门可设定瞄准距离为100米或200米。此外，M12拥有手动扳机阻止装置，能自动令枪机停止在闭锁安全位置的按钮式枪机释放装置，以及必须在主握把下以中指完全按实的手动安全装置。

装备M12冲锋枪的意大利陆军

加装消音器的M12冲锋枪

4.3 现代明星：俄罗斯KEDR VS 比利时FN P90 VS 德国HK MP7

同样是20世纪90年代的产物，俄罗斯KEDR冲锋枪的原型枪其实早在1970年就已经推出，但由于各方面原因，该枪直至90年代才服役。FN P90冲锋枪诞生于90年代初期。虽然P90推出时并无其他枪能达到个人防卫武器的要求，但刚巧冷战结束，各国对个人防卫武器的需求突然消失，原先预期的大量军用订单落空，而在其他市场推广时也遇到了使用不普及子弹而造成的困难。虽然如此，但P90仍被许多国家的特种部队所采用。尽管P90未能引起期待的轰动效应，但是也同样触动了德国的HK公司，依据近程自卫武器（NBW）概念而派生了如今大红大紫的HK MP7冲锋枪，并在短短的两三年时间里已先后出口到17个国家，销售量直线上升。美军已列装 MP7冲锋枪的最终改进型MP7A1冲锋枪，主要配给指挥员和后勤人员使用。

KEDR冲锋枪

FN P90冲锋枪

HK MP7冲锋枪

基本参数对比

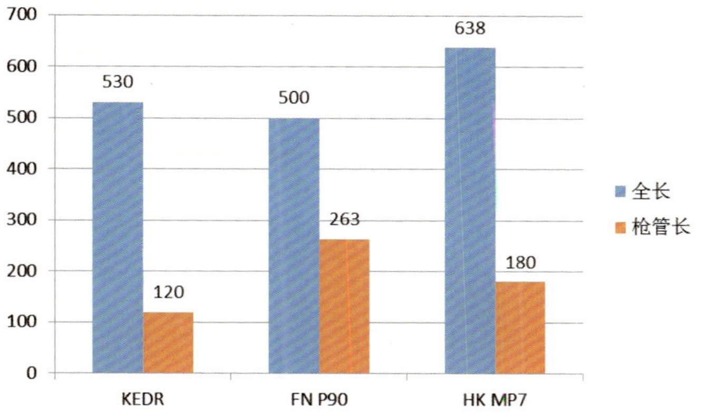

枪体尺寸大小对比（单位：毫米）

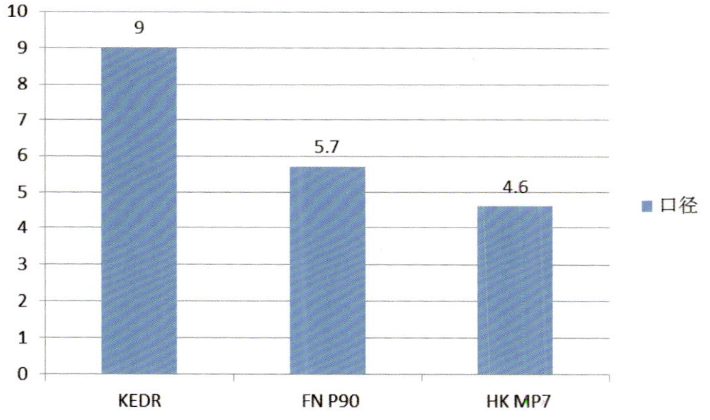

口径大小对比（单位：毫米）

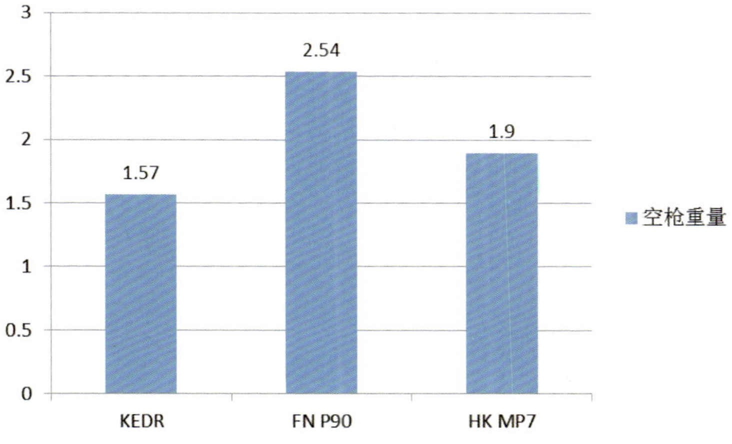

空枪重量对比（单位：千克）

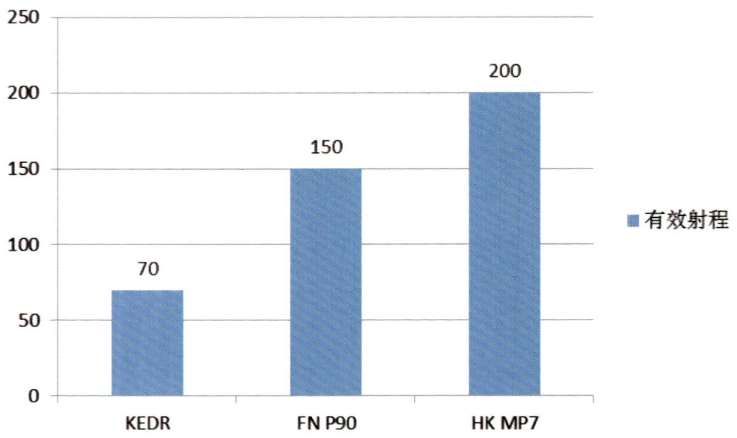

有效射程对比（单位：米）

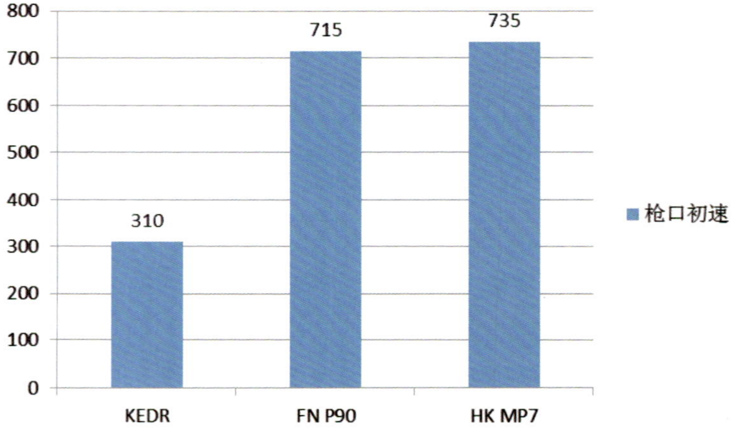

枪口初速对比（单位：米/秒）

■ 制造背景概述

KEDR冲锋枪

20世纪90年代初期，伊热夫斯克兵工厂的设计师对PP-71冲锋枪（由叶夫根尼•德拉贡诺夫于70年代初期设计）进行了一些改进，生产出KEDR小型冲锋枪（发射PM手枪弹），并装备到俄罗斯多个执法机构的行动部队。1994年，伊热夫斯克兵工厂又以KEDR为基础进行了强化，以发射冲量大的新型弹药（PMM手枪弹），并命名为KLIN冲锋枪。KLIN也被多个俄罗斯警察和安全部队装备，后又研制了缩短全长的KLIN-2型。

展览中的KEDR冲锋枪

KEDR冲锋枪及弹匣

FN P90冲锋枪

二战后，FN公司意识到当时现成的子弹，包括手枪、步枪子弹不能满足个人防卫武器的要求，于是在1986年开始研发全新的子弹SS90及新款枪械P90冲锋枪，原型枪于同年10月试射，曾在1991年海湾战争中使用，至1993年共试产了3000支。

FN P90冲锋枪的发展目标是研制出一种符合北约提出的对个人防卫武器的要求，也即满足美国的小火器主导计划、北约的AC225计划中要求的一种枪械。这种枪械要求适合射击技巧不高的驾驶员、后勤人员使用，即使训练不足也能有一定射击效果，同时能穿透军用防弹装备，以应付敌方身穿防弹装备的前线部队。

虽然P90的设计原意是给训练不足的军方人员作自卫用，但现在使用该枪的多是受过专业训练的人员。在使用P90的40多个国家中，使用者多为特种部队、反恐单位及警队，用途也当然不只是自卫。

FN P90冲锋枪及透明弹匣

展览中的FN P90冲锋枪

HK MP7冲锋枪

P90的出现触动了德国的HK公司。20世纪80年代后期，正是G11无壳弹枪研制进行得如火如荼的时候，于是HK公司以4.73毫米口径的无壳弹为基础设想出了近程自卫武器（NBW）概念，并于 1990年4月制造出了样枪。后来随着G11的结束，发射无壳弹的NBW方案也终止了，但是NBW的设想并没有终止。按照北约提出的单兵自卫武器（PDW）的大体要求，HK公司继续推进NBW的研制，并称其为单兵自卫武器，同时采用了普通的铜壳枪弹代替无壳弹。2000年，PDW开始列装德军，并被正式命名为MP7冲锋枪。

加装消音器的HK MP7冲锋枪

HK MP7冲锋枪上方视角

枪体构造对比

KEDR冲锋枪

KEDR冲锋枪以反冲作用及闭锁式枪机运作，这种设计比起使用开放式枪机的枪械有着更高的精确度。KEDR的枪膛内有4条缠距240毫米的右旋膛线。当需要安装消音器时，KEDR需要更换上一种外表有螺纹的短枪管，安装消音器后全枪长度增加了137毫米。与许多现代冲锋枪一样，KEDR冲锋枪也能够装上激光瞄准器和抑制器。

KEDR冲锋枪前侧方特写

KEDR冲锋枪分解图

FN P90冲锋枪

FN P90冲锋枪使用顶置弹匣、无托设计，所以虽然枪身很短，但枪管仍有263毫米长，这让子弹有相当高的弹速。P90冲锋枪所使用的5.7×28毫米子弹能把后坐力降至低于手枪，同时能有效击穿手枪或冲锋枪不能击穿的防弹背心等个人防护装备。

FN P90冲锋枪前侧方特写

装有瞄准镜的FN P90冲锋枪

HK MP7冲锋枪

HK MP7冲锋枪全枪仅由3个销钉固定，只要有枪弹作为“工具”，用弹尖顶出固定上、下机匣和枪托组件的固定销即可分解擦拭。MP7冲锋枪虽然是德军列装后的制式名称，但是与原型PDW相比还是有很多变化的。最大的变化是应德军要求在扳机上方增加了可双手操作的枪机保险，提高了武器使用的安全性。此外，枪托托底板部分加厚，握把进行了防滑处理，处理后的握把与USP手枪(通用自动装填手枪)基本相同。为了满足“21 世纪士兵装备”(德国版的士兵系统)需要，德军要求MP7能安装更多的激光指示器等辅助装置，因此，MP7冲锋枪在 PDW的基础上，在机匣上方安装了较长的皮卡汀尼导轨，小握把右侧也加装了较短的皮卡汀尼导轨，可以用于安装瞄准镜、激光指示器、战术灯等。

HK MP7冲锋枪及子弹

HK MP7冲锋枪前侧方特写

作战能力对比

KEDR冲锋枪

KEDR冲锋枪非常紧凑，重量较轻，其供弹具为20发或30发容量的双排弹匣，枪上的可折式枪托可用来降低后坐力。由于PM手枪弹很轻，在持续射击时很容易控制，因此KEDR很适合在逐屋清除的CQB行动（室内近距离战斗）中使用。KEDR和KLIN的外形基本一样，只是KLIN对内部做了改进以适合高压的PMM手枪弹。冲量高的PMM弹使KLIN的射速增加到每分钟1100发左右，这使得武器比较难控制， 因此KLIN比较适合破坏性大的行动而不是像人质拯救这类任务。当需要安装消音器时，KEDR和KLIN需要更换上一种外表有螺纹的短枪管，安装消音器后全枪长度增加了137毫米。

KEDR冲锋枪前侧方特写

黑色涂装KEDR冲锋枪

FN P90冲锋枪

FN P90冲锋枪使用5.7毫米的高速率子弹，沉重的弹匣里可以装下50发子弹，这是它的一个巨大的优点，与此同时，P90冲锋枪有着14发/秒的高射速。P90冲锋枪不仅有着高命中精度、高制止力和低穿透性，还具有小巧便携、易于保养、结构简单、后坐力低的优点，但P90的不足是威力较9毫米鲁格弹小，且单价高昂。

装有战术附件的FN P90冲锋枪

射击状态下的FN P90冲锋枪

HK MP7冲锋枪

HK MP7冲锋枪采用全新的4.6×30毫米弹药体系，目前已有包括钢心弹、被甲弹、空包弹、曳光弹等9个弹药品种在生产。MP7所使用的4.6×30毫米枪弹比比利时P90使用的5.7×28毫米（FN SS190）弹还要小，弹头的外露部分也少。与SS190弹采用铜被甲、软钢心、后方填充铝的结构不同，4.6×30毫米弹的弹头表面覆铜被甲、钢心结构，经过淬火硬化处理后提高了弹头的硬度，在打中防弹纤维制品后不会变形，保证了良好的侵彻能力。

手持状态下的HK MP7冲锋枪

HK MP7冲锋枪侧方特写

第5章 机枪巅峰对决

机枪是一种全自动、可快速连续发射的枪械。机枪代表着火力，增加胜利的筹码。仅这一种武器就对人类发动战争的方式造成了深远影响。虽然目前已有许多威力更大、技术更好的武器，但机枪的作用仍不可小觑。

5.1 老骥伏枥：苏联DP VS 捷克斯洛伐克ZB-26 VS 英国“布伦”

DP轻机枪、ZB-26轻机枪和“布伦”轻机枪都是二战中各国装备最多、使用范围最广的主要机枪，其中DP轻机枪和ZB-26轻机枪称得上是早期轻机枪中的明珠。DP轻机枪与ZB-26轻机枪都是20世纪20年代的产物，“布伦”轻机枪的出现时间稍晚一些。在二战期间，ZB-26轻机枪被大量仿制的同时，也影响着其他同类武器的设计，例如英国的“布伦”轻机枪。

DP轻机枪

ZB-26轻机枪

“布伦”轻机枪

基本参数对比

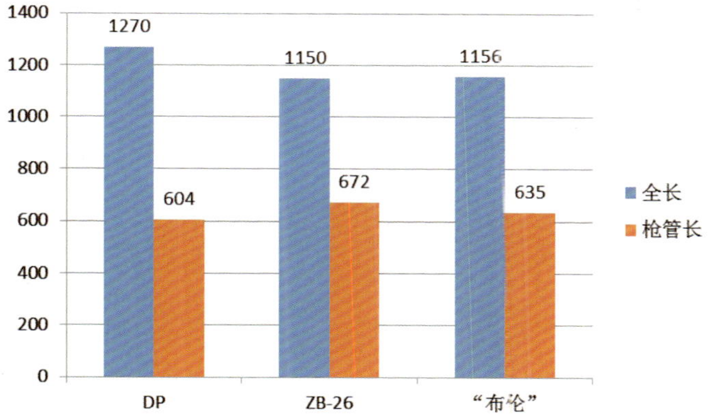

枪体尺寸大小对比（单位：毫米）

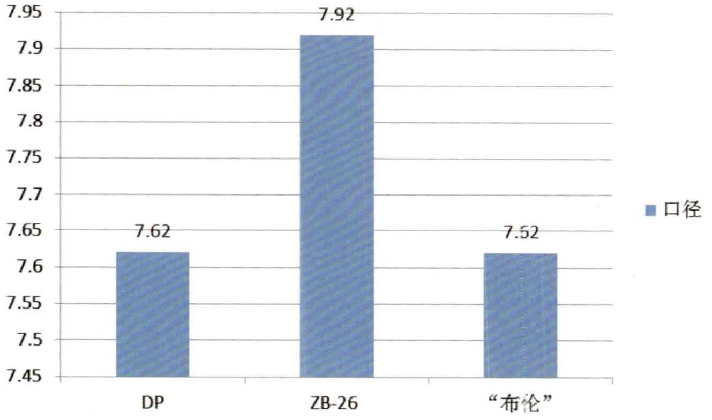

口径大小对比（单位：毫米）

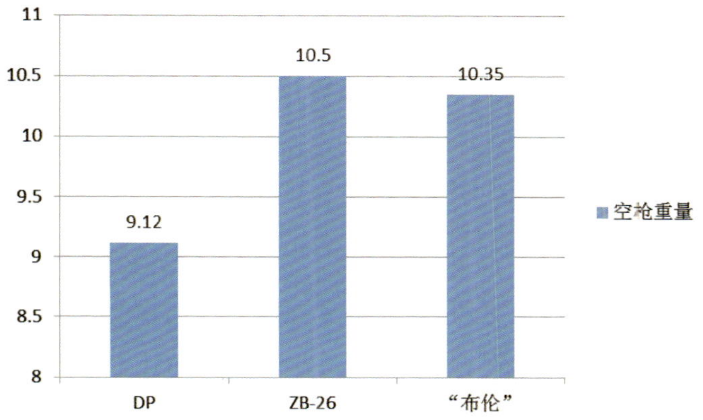

空枪重量对比（单位：千克）

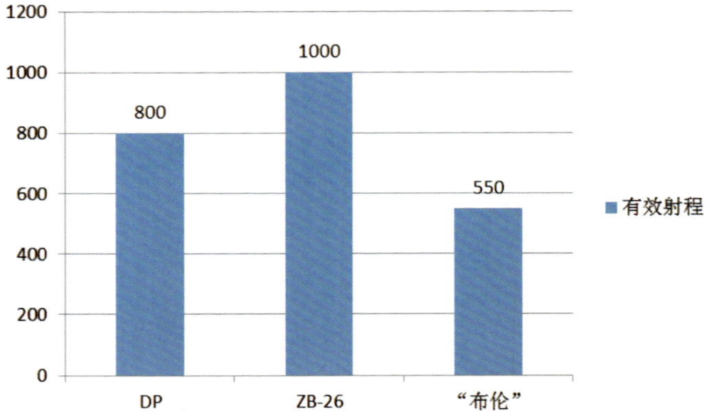

有效射程对比（单位：米）

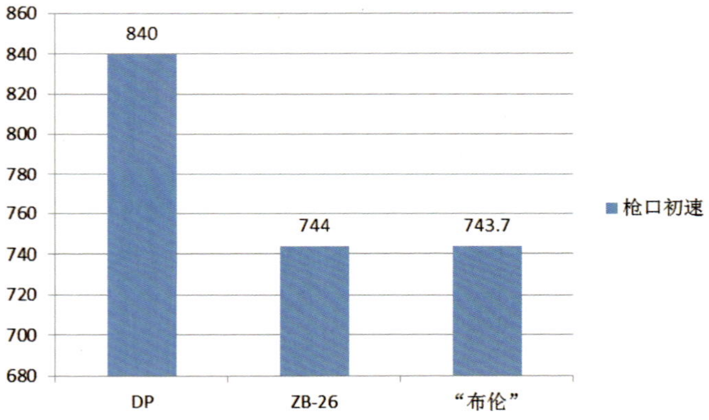

枪口初速对比（单位：米/秒）

制造背景概述

DP轻机枪

按照20世纪20年代苏联红军的战斗要求，陆军班用轻机枪必须像步枪一样可以卧姿、跪姿、立姿、行进间端枪或挟持等任何姿势射击，并可突然开火，以猛烈的点射或连续射击横扫敌人。1923年，捷格加廖夫根据该要求开始了轻机枪的设计。1927年12月21日，他设计的轻机枪通过了零下30摄氏度的试验，随后，被苏联红军定为制式装备，并命名为DP轻机枪。在之后的使用过程中，苏军发现DP轻机枪连续射击后，枪管会发热致使枪管下方的复进簧受热而改变性能，影响武器的正常工作。随后，捷格加廖夫将复进簧改放在枪尾内，DP轻机枪也改名为DPM轻机枪。

装备DP轻机枪的苏联士兵

苏联女兵与DP轻机枪

ZB-26轻机枪

在捷格加廖夫着手研制新型轻机枪的同一年，捷克斯洛伐克国防部为加强陆军作战能力也开始征集轻机枪。不久，根据军方要求，由枪械设计师哈力克（Holek）设计、布拉格（Praga）军械厂生产，推出了Praga Ⅱ A轻机枪，并交与捷克斯洛伐克军方测试。在通过测试后，Praga Ⅱ A被捷克斯洛伐克国防部选中，成为陆军制式武器。但后来布拉格军械厂濒临破产，已无力生产Praga Ⅱ A轻机枪，所以该机枪一度停产。1925年11月，布拉格军械厂与捷克斯洛伐克国营兵工厂签署了生产合约，共同完成Praga Ⅱ A轻机枪的生产。1926年，Praga Ⅱ A轻机枪被定名为布尔诺-国营兵工厂26型轻机枪，即Zbrojovka Brnovzor 26，简称ZB-26。

捷克斯洛伐克士兵正在使用ZB-26轻机枪

ZB-26轻机枪前方特写

“布伦”轻机枪

20世纪30年代初期，由于其他国家武器装备在不断地更新，为不落下风，英国军队急需新式武器，其中就包括轻机枪。1933年，英国军方选中了捷克斯洛伐克的ZB-26轻机枪，并在其基础上研发出了“布伦”轻机枪。

英国士兵与“布伦”轻机枪

英国士兵正在使用“布伦”轻机枪

■ 枪体构造对比

DP轻机枪

DP轻机枪、ZB-26轻机枪与“布伦”轻机枪都是采用导气式工作原理，但闭锁方式三者略有区别。ZB-26轻机枪与“布伦”轻机枪皆采用一般的枪机偏转式闭锁方式，而DP轻机枪则采用“鱼鳃式”，其特点是用两个左右设置的闭锁挡片，当撞针向前时强迫挡片向外伸出卡在机匣内侧的闭锁面以形成闭锁，当枪机框向后运动时，上边的开槽与闭锁挡片相互作用使其收回从而使枪机框能带动枪机向后运动开锁，此种闭锁方式由瑞典人发明，由于类似鱼类呼吸故名“鱼鳃式”。优点是没有一般偏转闭锁枪机的“旋转”过程，也不需要在枪管/枪管节套末端加工闭锁需要的凸起和开槽，比较方便生产。

DP轻机枪三视图

DP轻机枪的枪管与机匣采用固定式连接，不能随时更换。枪管外有护筒，下方有活塞筒，内装活塞和复进簧。枪身的前下方装有两脚架。圆状弹盘是DP轻机枪最大的特征，它平放在枪身的上方，由上下两盘合拢构成，上盘靠弹簧使其回转，不断将弹送至进弹口。

DP轻机枪侧方特写

ZB-26轻机枪

ZB-26轻机枪枪管外部有圆环形的散热槽，枪口装有喇叭状消焰器。枪管上靠近枪中部有提把，方便携带和快速更换枪管。枪托后部有托肩板和托底套，内有缓冲簧以减少后坐力，两脚架可根据要求伸缩。由于弹匣位于机匣的上方，从下方抛壳，因此瞄准具向左偏移。

ZB-26轻机枪正反面特写

ZB-26轻机枪侧后方特写

“布伦”轻机枪

“布伦”轻机枪的枪管口装有喇叭状消焰器，在导气管前端有气体调节器，并设有4个调节挡，每一挡对应不同直径的通气孔，可以调整枪弹发射时进入导气装置的火药气体量。该枪拉机柄可折叠，并在拉机柄、抛壳口等机匣开口处设有防尘盖。

“布伦”轻机枪局部特写

“布伦”轻机枪分解图

■ 作战能力对比

DP轻机枪

DP轻机枪发射7.62×54毫米枪弹，结构比较简单，一共只有65个零件。该枪制造工艺要求不高，适合大量生产，这是它被苏军广泛采用的原因之一。二战结束后，苏联以RPD及RPK等较新型的轻机枪取代了DP轻机枪，但至今仍有许多第三世界国家的军队仍在使用及生产DP轻机枪。DP轻机枪还曾出现在索马里内战及2011年利比亚内战等武装冲突中。数十年的战场上考验，让DP轻机枪称得上是一款“老当益壮”的武器。

展览中的DP轻机枪

DP轻机枪的圆状弹盘

ZB-26轻机枪

ZB-26轻机枪发射7.92×57毫米枪弹，为了有效保持火力延续性，一般配备一个射手和一个副射手，大量弹药和备用枪管都由射击副手携带。熟练的射手在副射手的帮助下，更换枪管的整个步骤只需要不到10秒钟的时间，一般每射击200发，需要更换一次枪管，如果射击频率快，可以达到250发。ZB-26轻机枪结构简单，枪机动作可靠，在激烈的战斗中和恶劣的自然环境下也不易损坏，使用维护方便，除了射击精确以外，只要更换枪管就可以持续地射击。

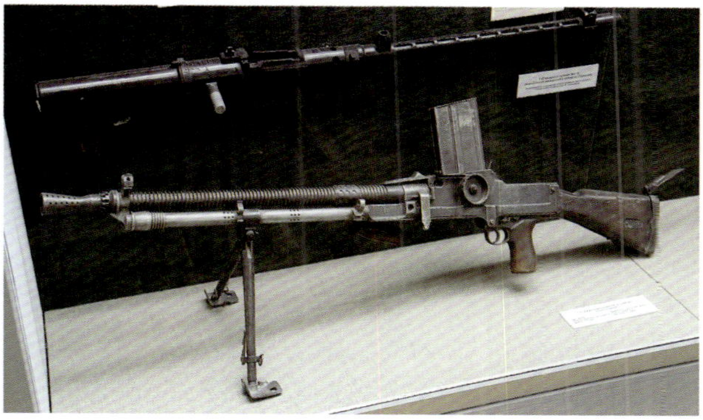

展览中的ZB-26轻机枪

使用ZB-26轻机枪的捷克斯洛伐克士兵

“布伦”轻机枪

同ZB-26轻机枪一样，“布伦”轻机枪也发射7.92×57毫米枪弹，良好的适应能力使得它的使用范围十分广泛，在进攻和防御中都可使用。它和美国的勃朗宁自动步枪一样，能够提供攻击和支援火力。由于性能相当出色，二战结束后众多英联邦国家军队选择继续装备“布伦”轻机枪。

“布伦”轻机枪侧方特写

搭在三脚架上的“布伦”轻机枪

5.2 大口径之伤：美国M2 VS 苏联/俄罗斯NSV

M2重机枪与NSV重机枪的战术性能都相当优秀，可根据需求配合三脚架或基座成为步兵固定火力或稳定的车载/机载/舰载火力。M2重机枪历经两次世界大战，是世界著名的大口径重机枪之一。其优异性能不仅深受美军士兵喜爱，更得到了来自敌人的肯定。二战中德军士兵曾给予M2重机枪极高的评价。到阿富汗战争时，M2HB更成了为数不多的交战双方都在使用的武器。苏联开发的NSV重机枪，由于整体性能卓越，且多处结构有所创新，曾被华约成员国广泛用作步兵通用大口径机枪，与西方广泛使用的勃朗宁M2重机枪相抗衡。当今，某些北约成员国还推荐并使用NSV重机枪取代老式的M2重机枪。

M2重机枪

NSV重机枪

■ 基本参数对比

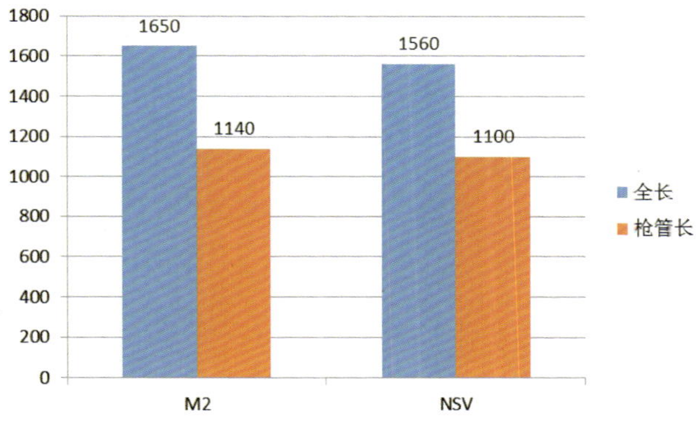

枪体尺寸大小对比（单位：毫米）

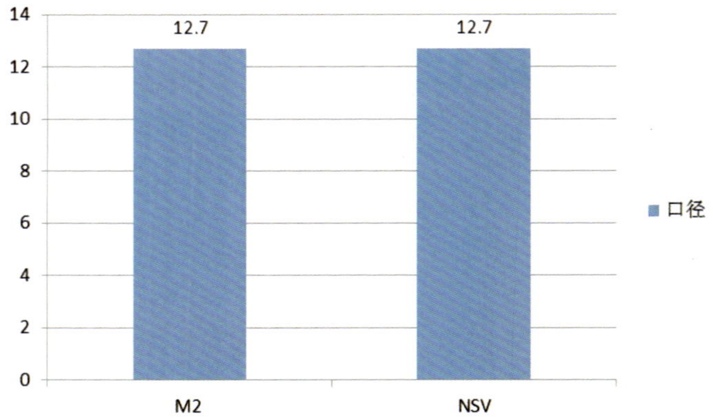

口径大小对比（单位：毫米）

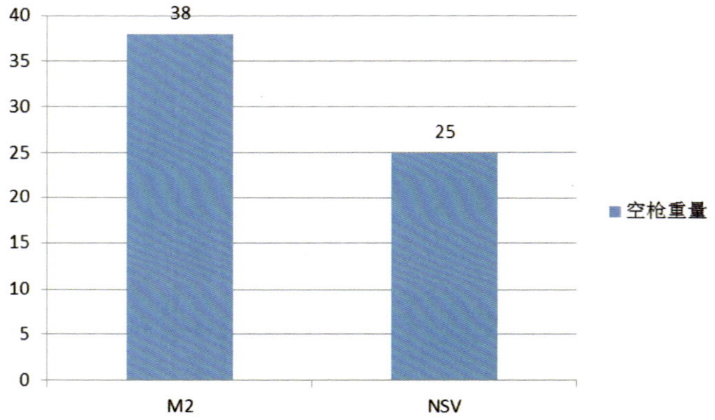

空枪重量对比（单位：千克）

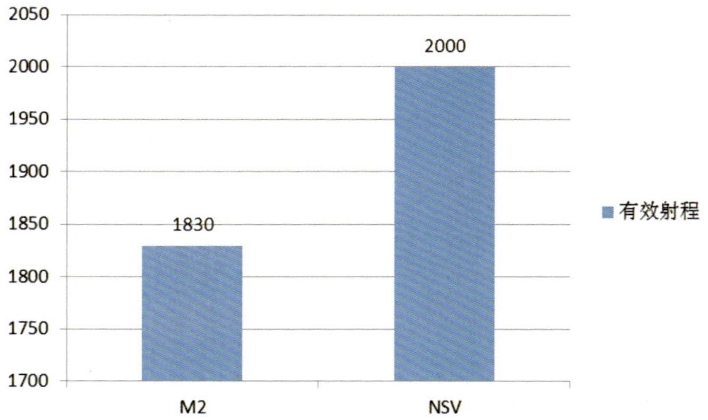

有效射程对比（单位：米）

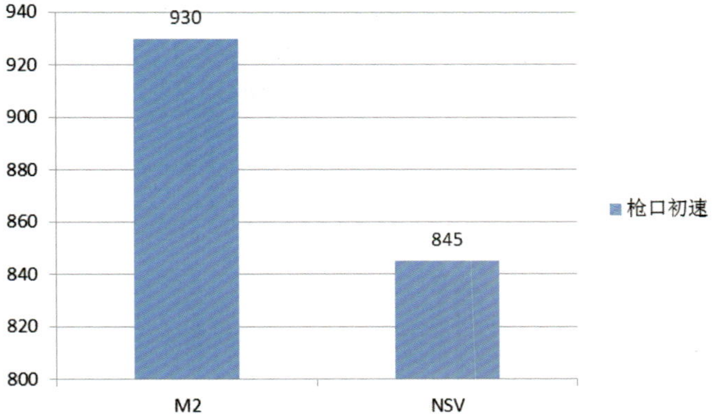

枪口初速对比（单位：米/秒）

制造背景概述

M2重机枪

M2重机枪其实是勃朗宁M1917的口径放大重制版本。1921年，新枪完成基本设计，1923年美军把当时的M2命名为“M1921”，并用于1920年的防空及反装甲用途。1926年勃朗宁去世，在之后的1927～1932年间，由美国的塞缪尔·格林博士针对M1921的设计问题以及军方需求做出调整。1930年，柯尔特公司还针对M1921推出了部分改进的版本，如M1921A1与M1921E2。1932年，改进版本正式被美军命名为“M2”。当时部分的M2装有水冷散热装置，早期的气冷式M2机枪由于枪管太轻，无法承受多角度全方位射击要求，容易过热，后又推出改用重枪管的版本命名为“M2HB”（Heavy Barrel），后来更推出了可快速更换枪管的“M2QCB”（Quick Change Barrel）及轻量化版本，这些版本一直沿用至今。

二战时期的M2重机枪

射击状态下的M2重机枪

NSV重机枪

苏联在二战中也开发了与美国M2重机枪相类似的DShK重机枪。但该枪的供弹机构复杂，容易出故障，而且体积偏大，于是在1946年进行改进并制成DShKM重机枪，但全枪依然笨重如故，机动性差。20世纪60年代，苏联制订兵器现代化规划，立项开发取代DShKM的通用机枪，最终制成了NSV重机枪。

装备俄罗斯海军的NSV重机枪

芬兰军队所装备的NSV重机枪

枪体构造对比

M2重机枪

M2重机枪采用枪管短后坐式工作原理，卡铁起落式闭锁结构。使用单程输弹、双程进弹的供弹机构，拨弹杆尾端的导柱卡入枪机顶部的曲线槽内，当枪机做往复运动时，实现供弹动作。该枪设有液压缓冲机构，枪管和节套后坐时，液压缓冲器的活塞被推向后，压缩缓冲器管内的油液，使其从活塞四周的油管内壁之间的缝隙向前溢出，对后坐产生缓冲作用。

M2重机枪局部特写

M2重机枪及弹链

NSV重机枪

NSV重机枪采用导气式工作原理，枪机偏移式闭锁结构，使用不可散的钢弹链，单程供弹，只能全自动射击，并采用开膛待击。大多数枪机偏转闭锁是使枪机前端或后端偏转而与机匣闭锁，而NSV的枪机设计则是枪机整体平行移动而闭锁。NSV重机枪阻铁机构设在机匣上面，而其他大口径机枪则是设在机匣下面，这也是NSV的独特结构之处。

NSV重机枪局部特写

NSV重机枪后侧方特写

作战能力对比

M2重机枪

M2重机枪发射12.7×99毫米大口径弹药，具有威力大、穿甲效果好、弹道平直稳定的优点。常见用于步兵架设的火力阵地及军用车辆如坦克、装甲运兵车等，主要用途是攻击轻装甲目标，集结有生目标和低空防空。

安装在作战车辆上的M2重机枪

M2重机枪可作为空战武器

NSV重机枪

NSV重机枪发射12.7×108毫米枪弹，是华约制式机枪弹，相当于M2重机枪使用的12.7×99毫米枪弹。由于采用了冲压加工与铆接装配工艺，既简化了结构，又减轻了全枪重量，生产性能也较好。NSV重机枪可对付2000米内的步兵群、火力点、轻型装甲车辆及各种运输车辆，还可作为近程防空武器，对付距离为1500米内的低空飞行目标。

展览中的NSV重机枪

“悍马”战车上的NSV重机枪

5.3 战功赫赫：美国M60 VS 德国MG3 VS 比利时FN MAG VS 苏联/俄罗斯PK/PKM

M60通用机枪、MG3通用机枪、FN MAG 通用机枪与PK/PKM通用机枪都是在二战结束后开始研发制造的。自诞生以来，这四种机枪陆续参与了共计数十场大大小小的战争。除了PK/PKM，其他三种机枪的设计都借鉴了二战时期著名机枪——MG42通用机枪。

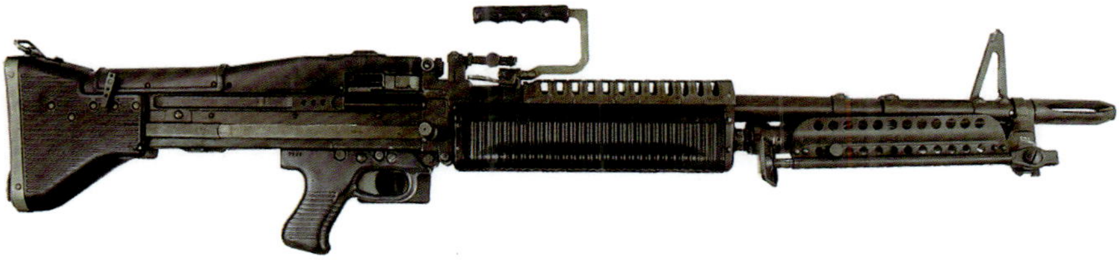

M60通用机枪

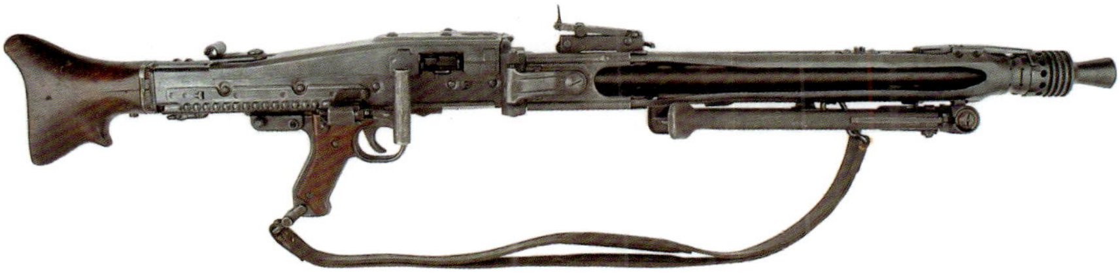

MG3通用机枪

FN MAG通用机枪

PK通用机枪

基本参数对比

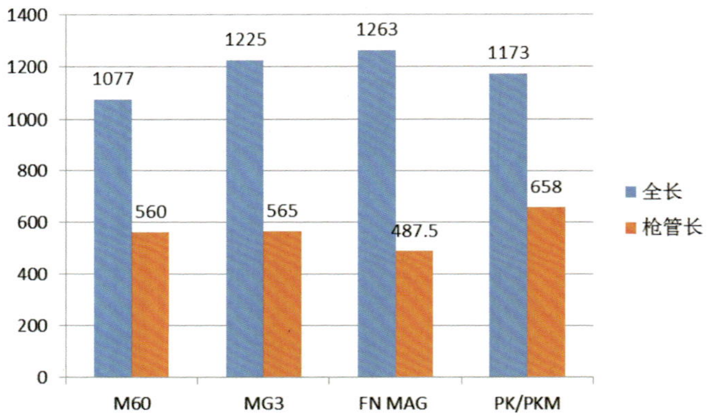

枪体尺寸大小对比（单位：毫米）

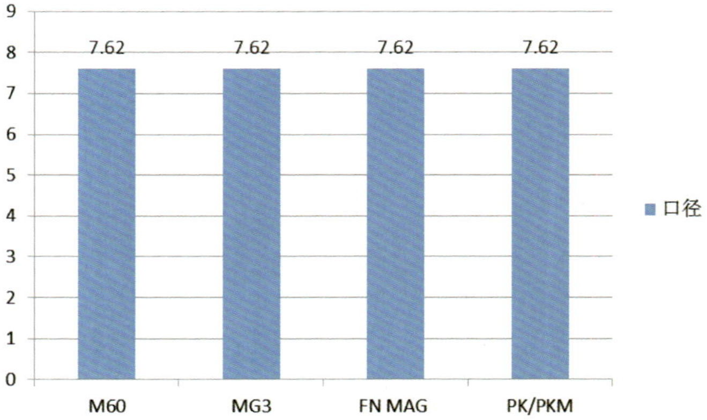

口径大小对比（单位：毫米）

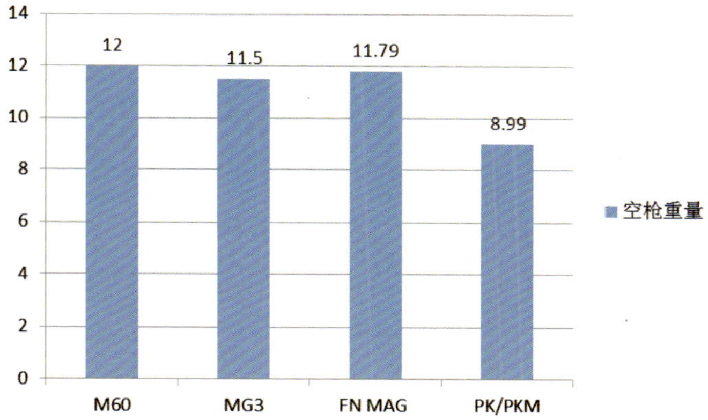

空枪重量对比（单位：千克）

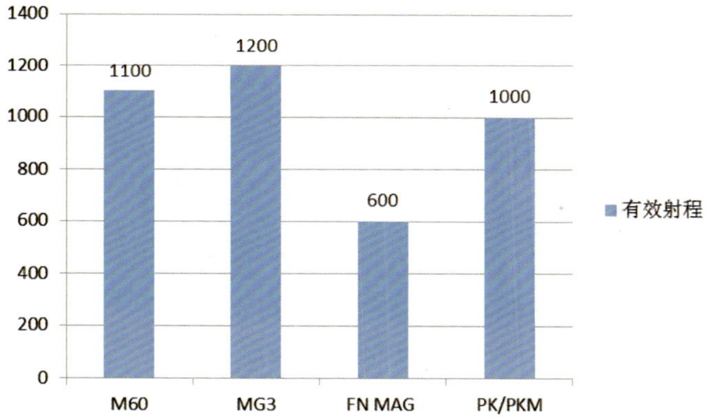

有效射程对比（单位：米）

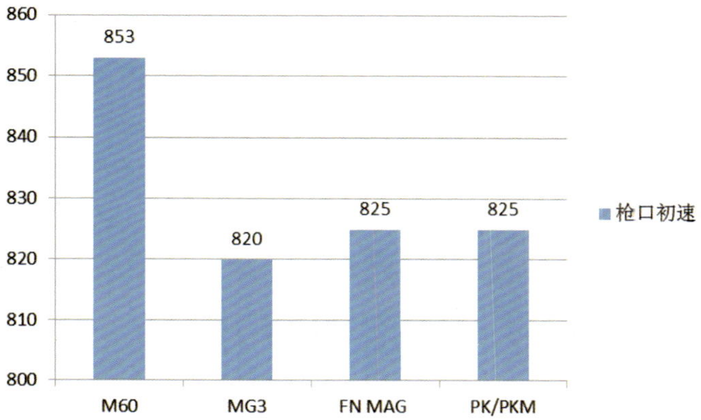

枪口初速对比（单位：米/秒）

制造背景概述

M60通用机枪

在二战期间德国MG42通用机枪性能非常出众，战争结束后，许多国家开始以其为基础设计新型机枪。二战结束后，美国从战场上缴获了大量的德军枪械，使美国春天兵工厂从这些枪械中汲取了不少的设计经验。在参考FG42伞兵步枪和MG42通用机枪的部分设计之后，再结合桥梁工具与铸模公司的T52计划和通用汽车公司的T161计划，产生了全新的T161E3机枪（T为美军武器试验代号）。1957年，T161E3机枪在改进并通过测试后，正式命名为M60通用机枪。

M60通用机枪与枪盒

M60通用机枪及使用的子弹

MG3通用机枪

20世纪50年代，德国在MG42通用机枪的基础上研发了MG1通用机枪，并于1959年开始生产。随后，德国枪械设计师对MG1通用机枪进行了改良，并命名为MG2。1968年，为进一步完善MG2通用机枪的设计，设计师又在MG2通用机枪的基础上做了少许改进，并命名为MG3通用机枪。

装备德国军队的MG3通用机枪

不完全分解后的MG3通用机枪

FN MAG通用机枪

同样在20世纪50年代，比利时FN公司的设计师欧内斯特•费尔菲（Ernest Vervier）经过数年的钻研，最终设计了一款理想的新型通用机枪——FN MAG，其弹链供弹机构中的双程供弹装置和扳机机构参照了MG42通用机枪。

士兵正在使用FN MAG通用机枪

FN MAG通用机枪后侧方特写

PK/PKM通用机枪

PK/PKM通用机枪在苏军中的位置等同北约国家的FN MAG通用机枪、M60通用机枪或MG3通用机枪。20世纪50年代初，苏联枪械设计师尼克金和沙科洛夫设计了一种弹链式供弹的7.62毫米口径机枪——尼克金·沙科洛夫机枪。与此同时，另外一个枪械师卡拉什尼科夫也在进行着相同的工作，他设计的是PK通用机枪。1961年，苏联军队对他们各自的产品做了对比试验后，最终采用了表现更为可靠、生产成本较低的PK通用机枪。1969年，卡拉什尼科夫推出了PK通用机枪的改进型，称为PKM通用机枪。要区分PK与PKM，看枪管和枪托底板是比较明显的识别方法。

士兵正在使用PK通用机枪的改进型——PKS通用机枪

PK通用机枪的改进型——PKP通用机枪

■ 枪体构造对比

M60通用机枪

M60通用机枪采用了导气式工作原理，枪机回转闭锁方式。该枪的枪管首次采用了衬套式结构，在弹膛前面有152.4毫米长的钨铬钴合金衬套，这种结构提高了枪管抗烧蚀性能。枪机组件由机体、击针、枪机滚轮、拉壳钩、顶塞等部分组成，机体前有两个闭锁卡笋，机体底部有曲线槽，与枪机框导凸笋扣合，借助枪机的回转来实现开、闭锁动作。M60通用机枪的准星为片状，固定式；表尺为立框式，可以迅速进行高低和方向调整。

搭在两脚架上的M60通用机枪

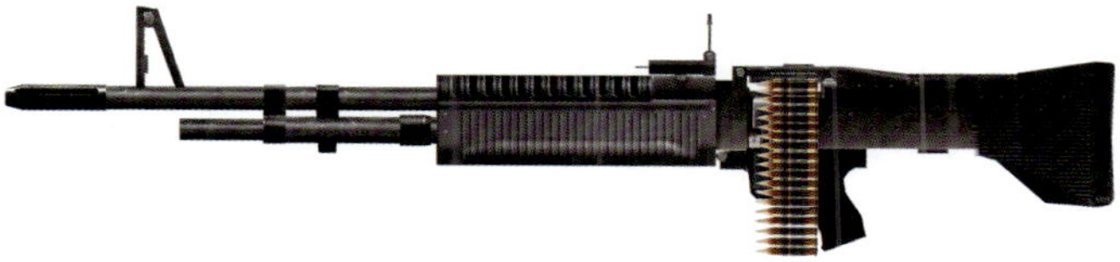

M60通用机枪及子弹

MG3通用机枪

MG3通用机枪采用的是枪管短后坐式的工作原理，中间零件闭锁机构。该枪的瞄准装置有地面瞄准具和高射瞄准具两种，地面瞄准具由U形缺口照门和准星组成，高射瞄准具则是由同心环状的前照准器和位于表尺左侧的后照准器组成的。

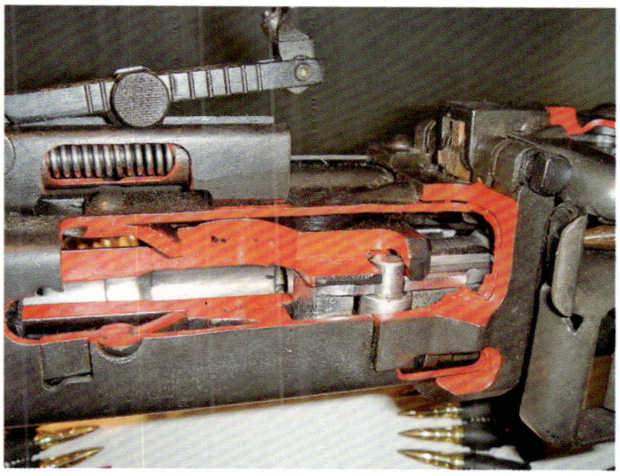

MG42及MG3的滚轴式闭锁枪机系统

MG3通用机枪搭在两脚架上

FN MAG通用步枪

FN MAG通用机枪采用了导气式工作原理，卡铁起落式闭锁结构。机匣内部、表面均采用表面镀铬处理。机匣前后两端经过加强，分别容纳枪管节套、活塞筒、枪托和缓冲器。机匣内侧有纵向导轨用以支撑及引导枪机组件的往复运动。在机匣导轨的限制以下，枪机在复进到位时，闭锁杆向下摆动，闭锁支承面位于机匣底部；当闭锁完成时，闭锁杆抵在闭锁支承面上。拉机柄导槽位于机匣右侧，抛壳口位于机匣底部。

展览中的FN MAG通用步枪

FN MAG通用步枪上方视角

PK/PKM通用机枪

PK通用机枪的原型由AK-47自动步枪气动系统及旋转式枪机闭锁系统的基础改进而成。该枪减轻了枪身的重量，枪机容纳部用钢板压铸成形法制造，枪托中央也挖空，并在枪管外围刻了许多沟纹，以致PK通用机枪只有9千克，而PKM只有8.4千克。PKM的枪管较轻，没有凹槽，枪托底板上有翻转式的支肩板，很容易识别。

PKM通用机枪右侧方特写

搭在两脚架上的PKM通用机枪

■ 作战能力对比

M60通用机枪、MG3通用机枪和FN MAG通用机枪都采用7.62×51毫米弹药，且都能使用M13可散式弹链，其中MG3通用机枪与FN MAG通用机枪还能使用德国DM1不可散弹链。PK/PKM通用机枪则发射7.62×54毫米R弹药，弹链由机匣右边进入，弹壳在左边排出。当时苏军的7.62×54毫米R弹链主要为25发，士兵多需要人手连接。由于生产当时正值冷战时期，苏联及华约国家不断地增加军备及不少国家都做特许生产，因此PK/PKM通用机枪数量超过100万挺。

M60通用机枪

M60通用机枪枪管上附有两脚架，可对应M2三脚架及M122三脚架。在调整立式标尺后，可有效命中200米移动点目标及600米静止点目标，对1500米面目标可提供压制火力。M60通用机枪的总体性能较为优秀，但也存在一些不足，例如该枪的空枪重量达到12千克，再加上弹药和其他装备，对步兵来说负重过大不利于机动。而且该枪的射速仅为550发/分，进行火力压制时效果无法让人满意，且不能对射速进行调整。早期型的M60更换枪管还需要戴耐热手套，浪费了大量的宝贵时间，在战斗中容易留下较长的火力空隙。

装在战车上的M60通用机枪

美军士兵使用M60通用机枪进行射击训练

MG3通用机枪

MG3通用机枪动作可靠，火力猛，在结构上广泛采用冲压件和点焊、点铆工艺，生产工艺简单，成本低。为增强其耐用性和通用性，该枪可更换枪管，这一过程需打开护木（枪管套）右面近机匣位置的护木盖，如果在射击后更换枪管则需要戴上专用的耐热手套。

德国“豹”2A5坦克上的MG3通用机枪

射击状态下的MG3通用机枪

FN MAG通用机枪

FN MAG通用机枪通常配两脚架作轻机枪使用，安装于轻型三脚架上则可作为重机枪使用。该枪还适宜于战车、碉堡等空间狭小的环境使用，但前提是要卸下枪托。在长时间的发射以后，必须小心不要让裸露的皮肤接触到武器。灼热的枪管与一般状态的枪管没有明显的不同，但却足以在触碰时当场造成二度烧伤。这些过热的枪管在红外线辐射敏感的光学装置(例如夜视装置)中格外显眼，会发出明显的光，容易暴露目标。

士兵为FN MAG通用机枪配备背负式弹箱

射击状态下的FN MAG通用机枪

PK/PKM通用机枪

PK/PKM通用机枪的设计除可用作一般射击有生目标外，还可作防空机枪用途。

PK通用机枪及弹链

美国海军陆战队士兵正在使用PK通用机枪

5.4 小口径利器：比利时FN Minimi VS 新加坡Ultimax 100 VS 德国HK MG4

FN Minimi轻机枪是世界著名的小口径轻机枪，是小口径轻机枪家族的先驱。此后，该枪一直称霸于西方各国国防军，成为小口径机枪的样板。在同口径轻机枪中，Ultimax 100轻机枪所具有的独特优点，引起许多国家军队对它的兴趣，并时常将Ultimax 100轻机枪与比利时的FN Minimi轻机枪相比较。作为同样使用北约制式小口径5.56×45毫米SS109弹药的轻机枪，HK MG4自装备德军后，就备受德军欢迎，更是成为了德国未来士兵系统的一部分。

FN Minimi轻机枪

Ultimax 100轻机枪

HK MG4轻机枪

■ 基本参数对比

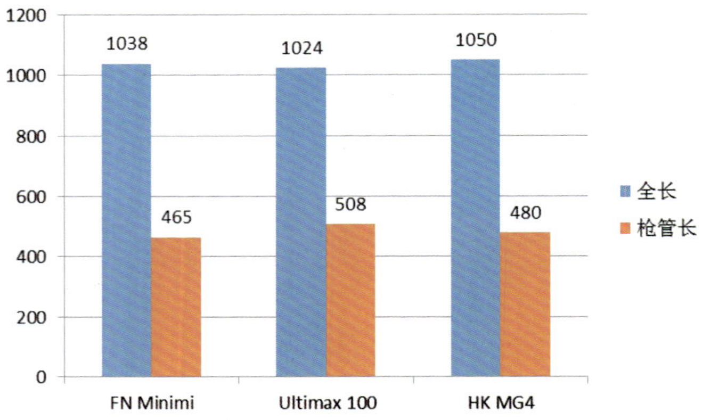

枪体尺寸大小对比（单位：毫米）

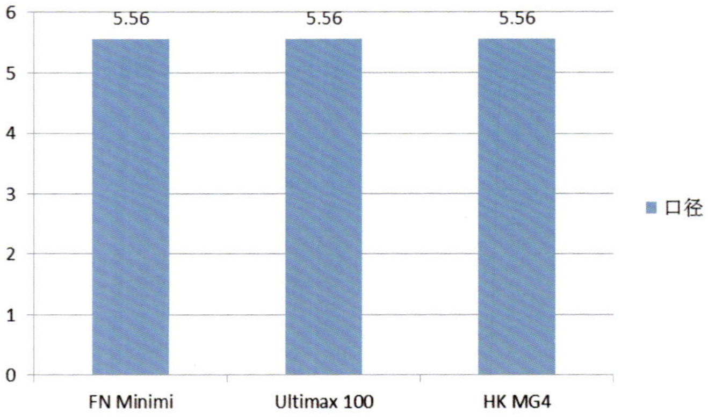

口径大小对比（单位：毫米）

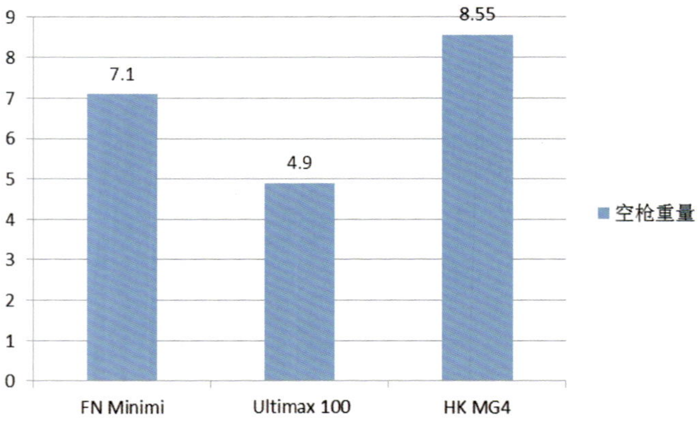

空枪重量对比（单位：千克）

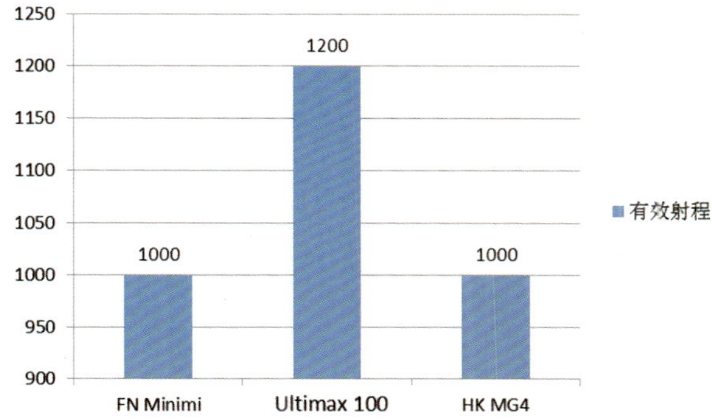

有效射程对比（单位：米）

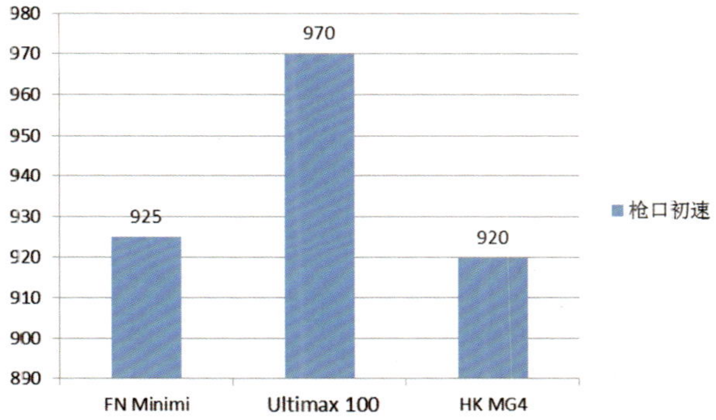

枪口初速对比（单位：米/秒）

制造背景概述

FN Minimi轻机枪

FN Minimi轻机枪在20世纪70年代初期开始研发，当时北约各国主流仍然是发射7.62×51毫米北约制式口径的通用机枪作班用支援武器。FN Minimi轻机枪最初设计的是发射7.62×51毫米弹药，但当时的FN公司为了令他们开发的5.56 SS109弹药能成为新一代北约制式弹药，在加入美国陆军举行的班用自动武器（SAW）评选时改为5.56×45毫米口径。自FN Minimi成为世界著名小口径机枪后，各国开始纷纷仿制该枪。

展览中的FN Minimi轻机枪

士兵正在使用FN Minimi轻机枪执行任务训练

Ultimax 100轻机枪

1978年，在新加坡军方的委托下，美国枪械师詹姆斯•沙利文设计了一款新型轻机枪，并交与新加坡军方测试。1979年6月，该新型机枪通过测试，并于1981年定型，命名为Ultimax 100。

展览中的Ultimax 100轻机枪

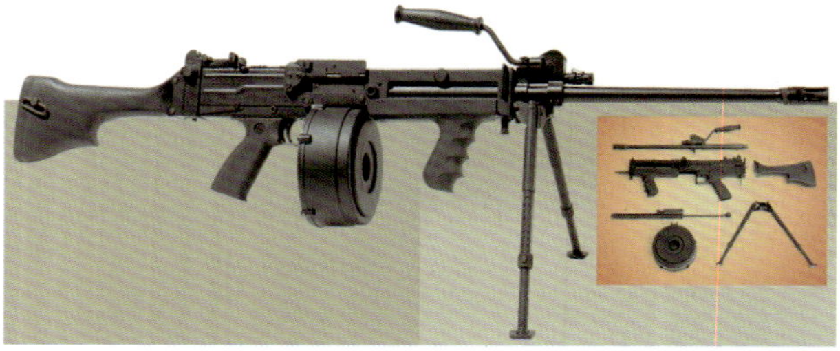

Ultimax 100轻机枪侧方特写

MG4轻机枪

历经两次世界大战的洗礼，作为轻武器传统强国，德国对机枪的制造和使用一向很重视。相较于FN Minimi 轻机枪与Ultimax 100轻机枪，MG4轻机枪的出现时间较晚。20世纪90年代末期，随着资金的增长、技术人员的更新以及多年的经验累积，HK公司逐步成为了德国乃至全世界鼎鼎有名的武器制造商。这一现象使得德国军方越来越信赖HK公司，要求它设计一款优秀的轻机枪。不久，HK公司不负德军所望，于2001年推出了MG4轻机枪。

展览中的MG4轻机枪

在通过测试后，德国军方对MG4轻机枪的性能表示满意，计划每个步兵班配2挺，以加强攻防作战中的火力，并将使指挥员分配战术任务更为灵活。MG4轻机枪曾与比利时FN Minimi 轻机枪一同争夺英国国防部的轻机枪订单，但最终落败于FN Minimi轻机枪。

MG4轻机枪上方视角

■ 枪体构造对比

FN Minimi轻机枪

FN Minimi轻机枪采用开膛待击的方式，增强了枪膛的散热性能，能有效防止枪弹自燃。导气箍上有一个旋转式气体调节器，并有三个位置可调：一个为正常使用，可以限制射速，以免弹药消耗量过大；一个位置为在复杂气象条件下使用，通过加大导气管内的气流量，减少故障率，但射速会增高；还有一个是发射枪榴弹时用。FN Minimi轻机枪采用液压缓冲，枪托下装有折合式两脚架，配有可快速更换及自动归零的长或短重枪管。

FN Minimi轻机枪前侧方特写

FN Minimi轻机枪及配件

Ultimax 100轻机枪

Ultimax 100轻机枪采用旋转式枪机闭锁系统，枪机前端附有微型闭锁凸耳，只要产生些许旋转角度便可与枪管完成闭锁。该枪最特别之处是采用恒定后坐机匣运作原理，枪机后坐行程大幅度加长，令射速和后坐力比其他轻机枪低，但射击精准度更高。

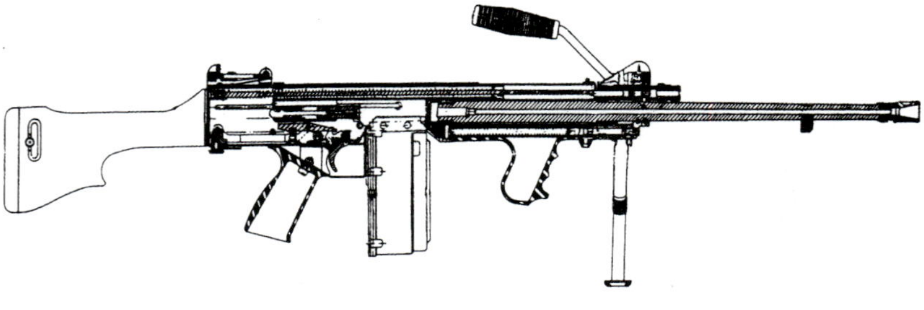

Ultimax 100轻机枪示意图

搭在两脚架上的Ultimax 100轻机枪

MG4轻机枪

MG4轻机枪与FN Minimi轻机枪比较相似，同样采用气动式原理及转栓式枪机，但弹壳在机匣底部排出，枪托亦可折叠。枪匣顶部装有MIL-STD-1913导轨以安装瞄准镜等的附件，配冷锻可快拆式枪管，其纯弹链供弹式设计需把弹箱或弹袋挂在机匣左面，空弹壳则在机匣底部排出，而不像FN Minimi对应弹匣供弹。

MG4轻机枪前侧方特写

MG4轻机枪后侧方特写

■ 作战能力对比

FN Minimi轻机枪

FN Minimi轻机枪、Ultimax 100轻机枪和MG4轻机枪都是使用5.56×45毫米弹药，FN Minimi轻机枪还可以使用北约标准的20发/30发弹匣供弹。FN Minimi轻机枪的重量比一般5.56毫米口径的机枪轻得多，可靠性也比较高，也更适合作为班用支援武器，这也是各国大量使用它作为班用武器的主要原因之一。

射击状态下的FN Minimi轻机枪

挪威士兵正在使用FN Minimi轻机枪

Ultimax 100轻机枪

Ultimax 100轻机枪的重量比FN Minimi轻机枪还低，和一些突击步枪相当，枪支本身重量不过4.9千克，即使装上满量的100发专用弹鼓（也可使用30发弹匣），总重量也不过约6.8千克。Ultimax 100轻机枪射击后坐力在同等级5.56毫米口径机枪中是最低的，因此在射击时可以轻易保持枪支的稳定性，并可将枪托拆下射击。该枪所使用的弹鼓后半面呈半透明，可让射手掌握剩余子弹数量。

Ultimax 100轻机枪前侧方特写

带弹鼓的Ultimax 100轻机枪

MG4轻机枪

MG4轻机枪以轻型、左右手皆可操作为设计主旨，对应的三脚架可以有效地提高射击精准度。MG4轻机枪经得起各种考验，曾在美国亚利桑那州的尤马陆军试验场中经受了寒区、沼泽地以及极端恶劣气象条件的测试，性能值得信赖。

MG4轻机枪及弹链

德国士兵与MG4轻机枪

5.5 推陈出新：美国“伯劳鸟”VS 以色列Negev VS 韩国K3

各国早期研制的轻武器为现代枪械的发展提供了重要的参考依据。现在美军装备的“伯劳鸟”轻机枪既可以看成是由原厂提供的一挺完整武器，也可以说是从M16系列步枪和卡宾枪装上其提供的“性能升级套件”上机匣组装而成的武器。以色列的Negev轻机枪与韩国的K3轻机枪都可以看作是FN Minimi的仿制型，其基本结构原理、形状以及尺寸等都与FN Minimi轻机枪极其相似。

“伯劳鸟”轻机枪

Negev轻机枪

K3轻机枪

基本参数对比

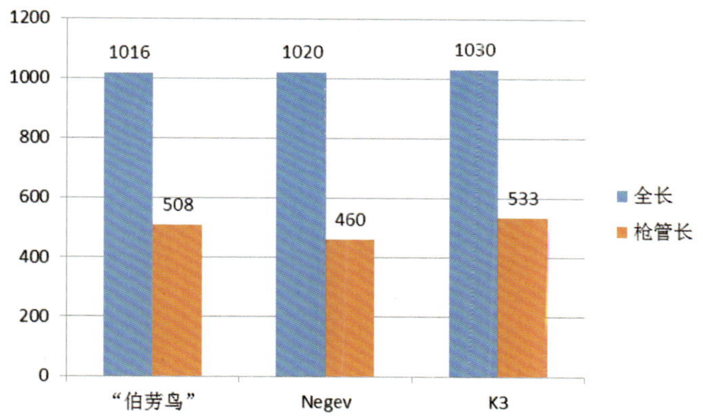

枪体尺寸大小对比（单位：毫米）

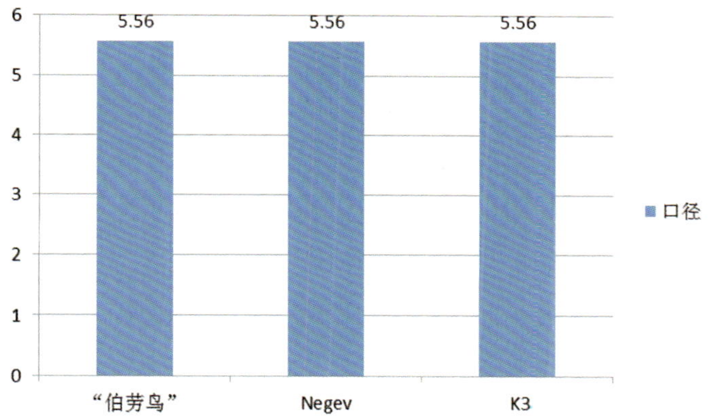

口径大小对比（单位：毫米）

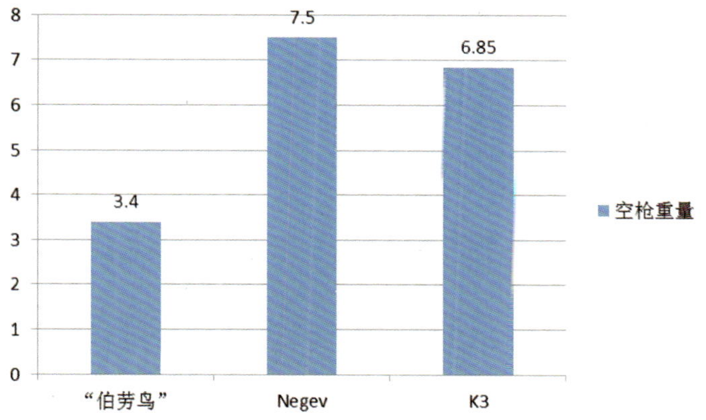

空枪重量对比（单位：千克）

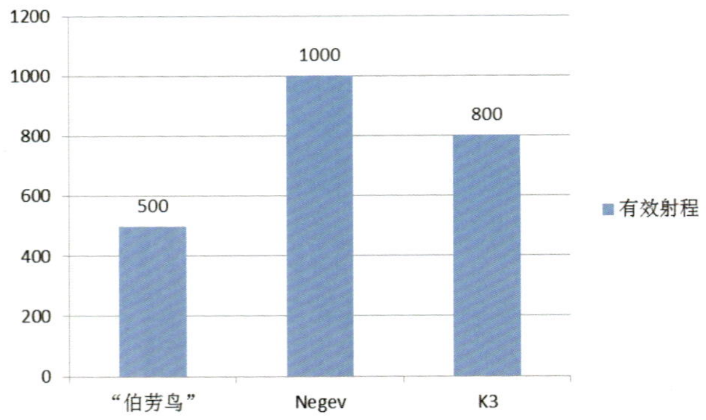

有效射程对比（单位：米）

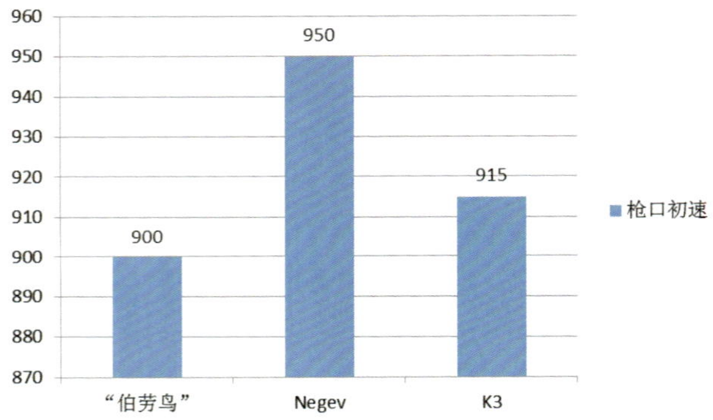

枪口初速对比（单位：米/秒）

制造背景概述

“伯劳鸟”轻机枪

“伯劳鸟”轻机枪是由美国阿瑞斯防务系统公司研制生产的，自2002年一直服役至今，目前衍生有多种型号，且新型号与原型枪还存在显著的差异。阿瑞斯防务系统公司的目标就是让“伯劳鸟”轻机枪成为最轻的弹链供弹机枪。

“伯劳鸟”轻机枪前侧方特写

“伯劳鸟”轻机枪上方视角

Negev轻机枪

1990年，以色列的军队包括徒步士兵、车辆、飞机和船舶装备的机枪是FN MAG58。虽然该机枪的通用性极好，但作为单兵器来说，该枪还是显得太笨重，不便于士兵携带。因此，以色列国防军需要寻找一种新型的便于携带的轻机枪，来增强步兵分队的压制火力。按照军方的要求，以色列军事工业打造了一款新型的轻机枪——Negev轻机枪。Negev轻机枪在1995年完成设计，于1996年实弹射击测试，1997年装备以色列国防军，是以色列国防军的制式轻机枪。

Negev轻机枪前侧方特写

Negev轻机枪及使用的弹链

K3轻机枪

K3轻机枪是韩国国防发展局与大宇公司联合研发制造的轻机枪，其设计来源是比利时FN Minimi轻机枪和美国制式的M249班用自动武器。K3轻机枪自1989年起开始服役，取代了在前线使用的M60通用机枪。

展览中的K3轻机枪

韩国士兵正在使用K3轻机枪

枪体构造对比

“伯劳鸟”轻机枪

“伯劳鸟”轻机枪具有气动式活塞传动操作、连接固定式顶部空间的可快速更换式枪管和MIL-STD-1913战术导轨的战术配件安装接口。“伯劳鸟”机枪既可以说是由原厂提供的一挺完整武器，也可以说是从现有的M16系列步枪和卡宾枪装上其提供的“性能升级套件”上机匣组装而成的武器。

搭在两脚架上的“伯劳鸟”轻机枪

“伯劳鸟”轻机枪分解图

Negev轻机枪

Negev轻机枪与FN Minimi轻机枪相同，可以弹链及弹匣供弹，但弹匣口改为机匣下方，配有塑料套的两脚架及M1913皮卡汀尼导轨，其两脚架更可充当前握把。后期型Negev配有独立前握把及可拆式激光瞄准器，也可装上短枪管，枪托折叠时不会阻碍弹盒，设计紧凑。

Negev轻机枪后侧方特写

Negev轻机枪局部特写

K3轻机枪

K3轻机枪表尺照门可做海拔和风偏调节，而柱状准星亦可做高程调整以归零。枪管上装有一个内置式提把，以便在不需要使用其他装备协助下（例如耐热手套）更换因长期射击而变热的枪管。提把在不使用时可以上下旋转式折叠下来。该枪是以气动式原理和转栓式枪机运作的。

K3轻机枪侧方特写

K3轻机枪前侧方特写

■ 作战能力对比

“伯劳鸟”轻机枪

“伯劳鸟”的特点是既能够达到轻机枪的实际射速，又能像突击步枪那样轻盈和紧凑。“伯劳鸟”的空枪重量为3.4千克，比其他班用自动武器更为轻便。

“伯劳鸟”轻机枪右侧方特写

枪盒中的“伯劳鸟”轻机枪

Negev轻机枪

Negev轻机枪是一把可靠及准确的轻机枪，有着轻型、紧凑及适合沙漠作战的优势，更可通过改变部件或设定来执行特别行动而不会降低火力及准确度。Negev轻机枪使用的枪托可折叠存放或展开，这个灵活性已经让Negev被用于多种角色，例如传统的军事应用或在近距离战斗使用中。

士兵使用Negev轻机枪进行射击训练

射击状态下的Negev轻机枪

K3轻机枪

K3是一挺类似FN Minimi的轻机枪，并且发射标准的5.56×45毫米北约标准步枪子弹。它的最大优点在于它比M60通用机枪更轻，而且可以与K1A和K2共用子弹。供弹方式来自30发可拆卸式STANAG弹匣或200发M27金属可散式弹链。它既可以展开其两脚架用作班用自动武器角色，又可装在三脚架上用作据点防卫或持续的火力支援。

装备韩国军队的K3轻机枪

K3轻机枪后侧方特写

5.6 航空猎手：美国M134 VS 苏联/俄罗斯GShG

加特林转管机枪从诞生之日起，工作原理就决定了其具有能连发射击、火力猛等优点，其独特的设计概念催生了以加特林机枪为原理的优秀武器。M134“迷你炮”与GShG机枪就是典型的例子。作为现代两大武器强国的代表性加特林机枪，这两种机枪在空中战场上拥有绝对威慑力量。

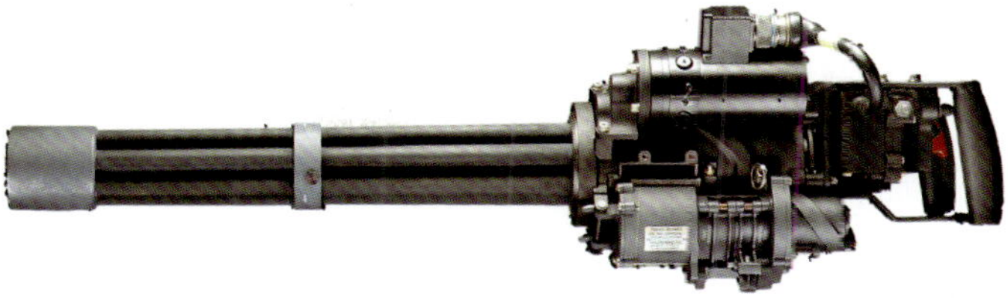

M134“迷你炮”机枪

GShG机枪

基本参数对比

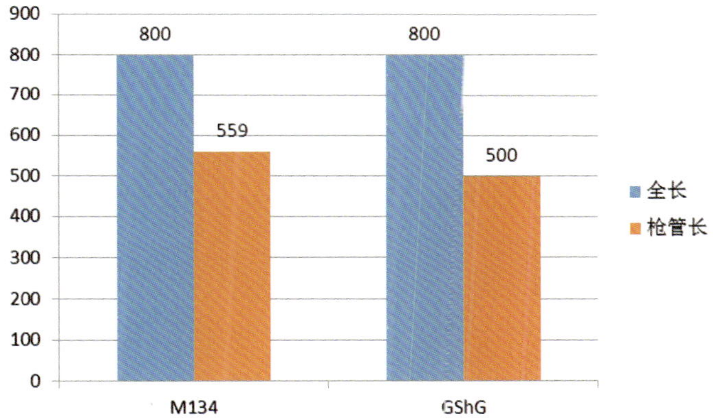

枪体尺寸大小对比（单位：毫米）

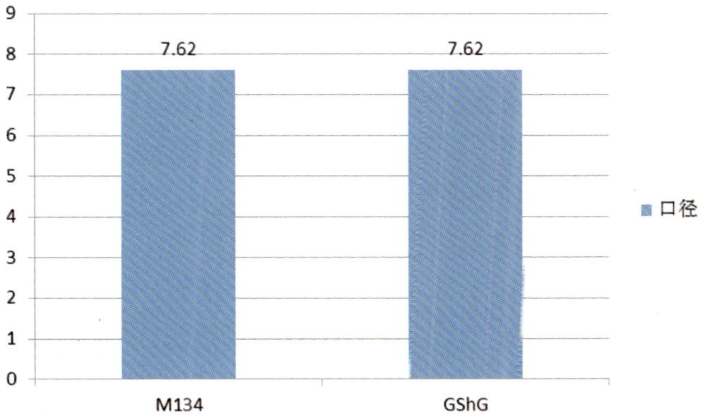

口径大小对比（单位：毫米）

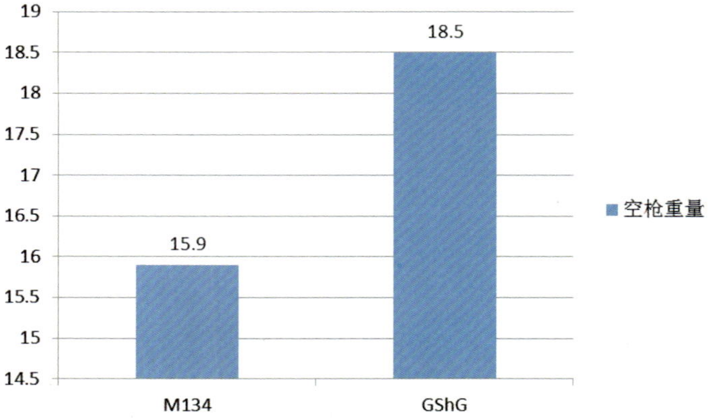

空枪重量对比（单位：千克）

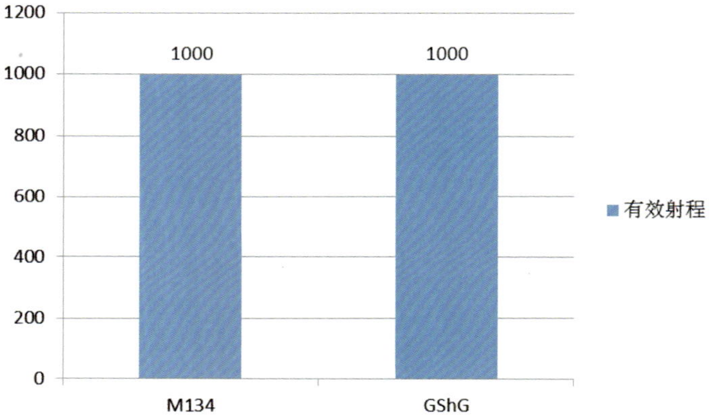

有效射程对比（单位：米）

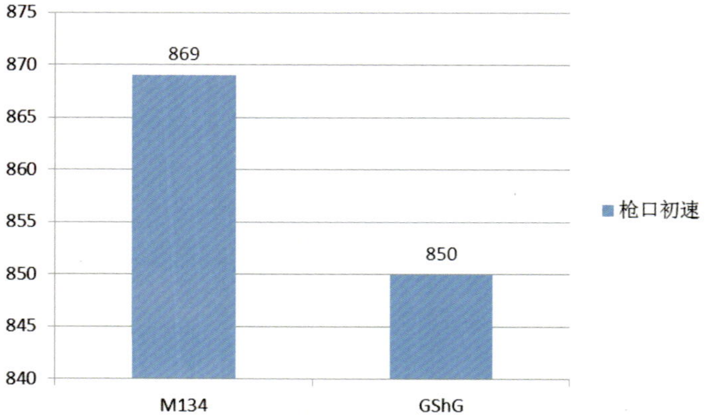

枪口初速对比（单位：米/秒）

制造背景概述

M134“迷你炮”机枪的设计概念是源自19世纪中期由理查•加特林所开发的加特林机枪。美军最早在越南战争时期采用，AC-47因此被称作“喷火神龙”（Puff, the Magic Dragon），亦装备在直升机上；后来更多的军用载具（如“悍马”车）都配备了M134。

M134机枪前侧方特写

M134机枪后侧方特写

GShG机枪

GShG机枪是在1968～1970年期间研制的，目前它只是使用于机枪口舱（例如GUV-8700）和Ka-29“卡莫夫”直升机的原型机的可转动型支架上。

枪体构造对比

M134机枪

M134采用加特林机枪的原理，用电动机带动六根枪管旋转，在每根枪管回转一圈的过程中，它所对应的枪机则在和枪管一起旋转的旋转体上的导槽内做往复直线运动，依次进行输弹入膛、闭锁、击发、退壳、抛壳等一系列动作，所以射速极高。机匣内表面曲线槽的前部有一段直槽，枪机在这段直槽内运动时，一直保持闭锁状态，即枪机只随旋转体转动，而不能开锁和后退，由此起到击发后的机械保险作用。

M134机枪及配件

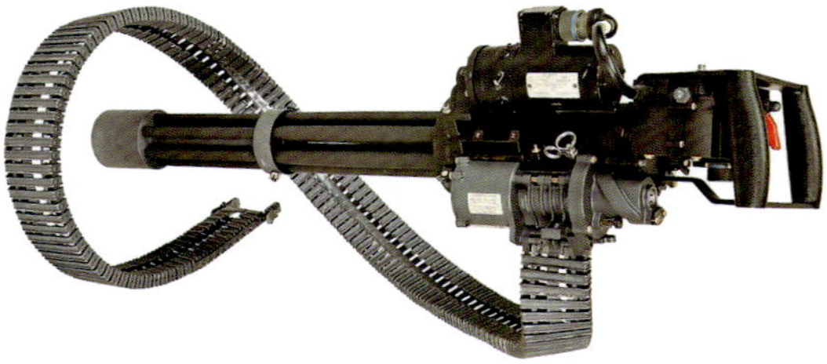

M134机枪及弹链

GShG机枪

GShG机枪是一挺4枪管的高转速加特林机枪，使用气动式及转栓式枪机操作。和其他苏联制造的加特林机枪一样，它是少数以内力（靠扭簧蓄力并维持自动循环）操作的加特林机枪。

装备在战车上的GShG机枪

作战能力对比

M134机枪

虽然高速旋转的枪管会因离心力的作用导致射击散布增大，但射速高、火力强这两点能弥补精度的不足，反而使得M134机枪成为一种十分有效的杀伤集团有生目标的武器。

射击状态下的M134机枪

装备在直升机上的M134机枪

GShG机枪

GShG机枪发射7.62×54毫米R步枪子弹，唯一的缺点是消耗的弹药非常庞大。

第6章　霰弹枪巅峰对决

战后各国警队需要可压制武力的武器，于是霰弹枪便成为各国警察的制式装备之一。由于霰弹枪具有在近距离上火力猛、反应迅速，以及面杀伤的能力，故该枪在夜战、遭遇战及伏击、反伏击等战斗中大显身手。

6.1 新老对垒：美国雷明顿M870 VS 意大利M4 Super 90

在现代军队中，霰弹枪远不如其他枪械应用广泛，但仍在一些特定作战环境中发挥着独特的作用。而各国军队配备的霰弹枪中，美国雷明顿M870霰弹枪和意大利伯奈利M4 Super 90霰弹枪是较为突出的两种。前者于20世纪50年代研制成功，问世之后很快就成为美国人喜爱的流行武器，被美国军队和执法机构广泛采用。后者是90年代伯奈利公司为参加美军“三军战斗霰弹枪”项目而研制的新型霰弹枪，于2000年被美国军队正式采用。至此，新老两款霰弹枪开始在美国军队中并肩战斗。

雷明顿M870霰弹枪

M4 Super 90霰弹枪

■ 基本参数对比

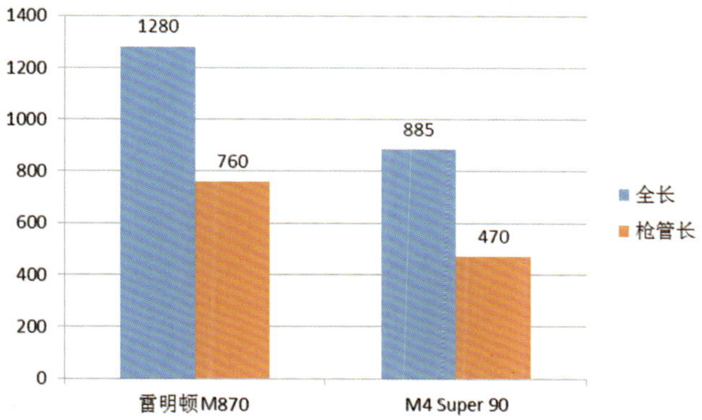

枪体尺寸大小对比（单位：毫米）

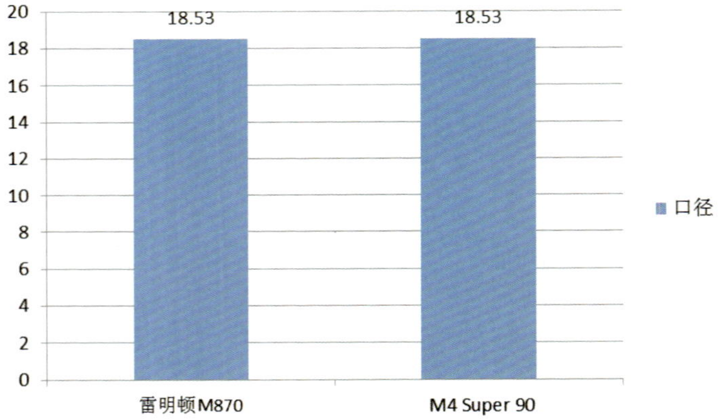

口径大小对比（单位：毫米）

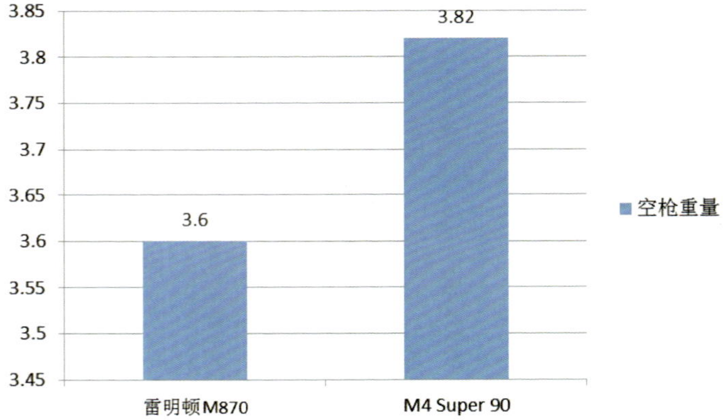

空枪重量对比（单位：千克）

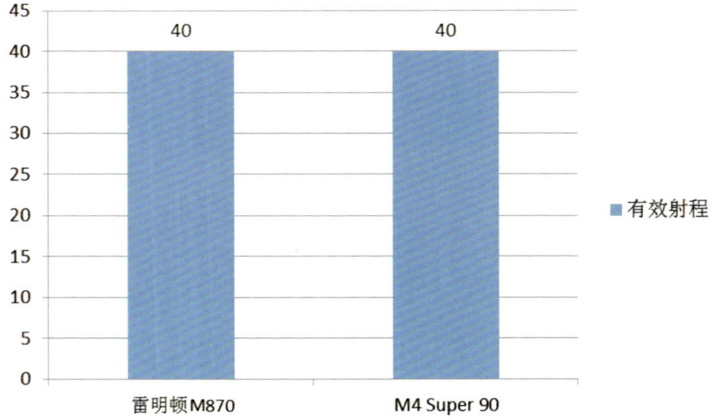

有效射程对比（单位：米）

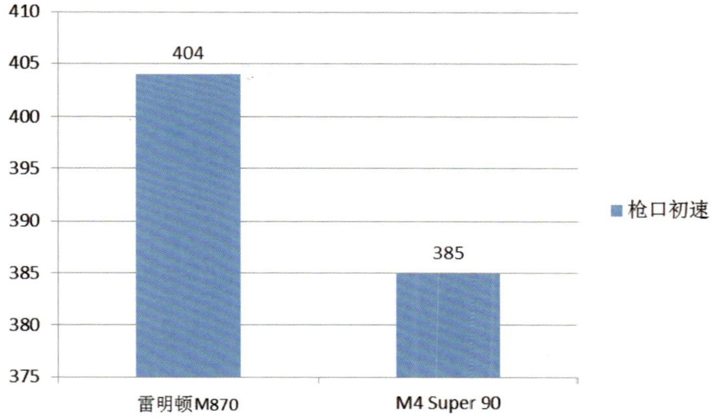

枪口初速对比（单位：米/秒）

制造背景概述

雷明顿M870霰弹枪

约翰•本德森（John Pedersen）在早期设计出Model 10（改进后名为Model 29）霰弹枪，后与约翰•勃朗宁一起进行设计工作，设计出Mcdel 17（改进型为伊萨卡37）霰弹枪及优秀的Model 31霰弹枪，但Model 31比当时的温彻斯特M1912霰弹枪收获的订单少。雷明顿公司为了寻求更佳的市场占有率，在1950年推出坚固耐用、可靠、价钱低廉的雷明顿M870霰弹枪。雷明顿M870霰弹枪的销售量比较稳定，在1973年销售量达到约200万支（为Model 31的10倍）。1996年时，雷明顿M870霰弹枪销售量超过700万支，是美国史上最高销售量的泵动霰弹枪。

雷明顿M870霰弹枪后侧方特写

雷明顿M870霰弹枪侧方特写

M4 Super 90霰弹枪

1998年5月4日，美国陆军军备研究、开发及工程中心正式发动招标，寻求一种美国三军通用的新式半自动战斗霰弹枪。伯奈利公司于是设计和生产了M4 Super 90霰弹枪。1998年8月4日，M4 Super 90霰弹枪样本被运送到马里兰州阿伯丁试验场进行测试。经过一连串的测试后，证明M4的性能优秀，符合竞争要求。1999年初，美军将其命名为M1014三军联合战术霰弹枪。

手持M4 Super 90霰弹枪的美国士兵

士兵使用M4 Super 90霰弹枪进行射击训练

■ 枪体构造对比

雷明顿M870霰弹枪

雷明顿M870霰弹枪在底部装弹，弹壳从机匣右侧排出，管式弹仓在枪管下部，双动式结构、内部击锤设计，枪管内延长式枪机闭锁。它的机匣、扳机系统、保险制及套筒释放钮与雷明顿M7600系列相似，部分零件可与雷明顿M1100及雷明顿M11-87互换。

雷明顿M870霰弹枪分解图

雷明顿M870霰弹枪正反面特写

M4 Super 90霰弹枪

M4 Super 90是半自动霰弹枪，但采用了新设计的导气式操作系统，而不是原来的惯性后坐系统。枪机仍然采用有与M1和M3相同的双闭锁凸笋机头，但在枪管与弹仓之间的左右两侧以激光焊接法并排焊有2个活塞筒，每个活塞筒上都有导气孔和一个不锈钢活塞，在活塞筒的前面螺接有排气杆，排气杆上有弹簧阀，多余的火药气体通过弹簧阀逸出。M4 Super 90的伸缩式枪托很特别，其贴腮板可以向右倾斜，这样可以方便戴防毒面具进行贴腮瞄准。如果需要，伸缩式枪托可以在没有任何专用工具的辅助下更换成带握把的固定式枪托。

M4 Super 90霰弹枪后侧方特写

M4 Super 90霰弹枪及枪盒

作战能力对比

雷明顿M870霰弹枪

雷明顿M870霰弹枪在恶劣气候条件下的耐用性和可靠性较好，尤其是改进型M870霰弹枪，采用了许多新工艺和附件。除了军警单位外，雷明顿M870在民间市场也颇为常见。多数使用者都是买来用于狩猎、竞技、自卫等用途，也有人制作非法的削短型版本并用于犯罪。

雷明顿M870霰弹枪及枪管

美国海岸警卫队队员手持雷明顿M870霰弹枪

M4 Super 90霰弹枪

M4 Super 90也是一支模组化武器。它可以交换使用来自各间制造商生产各种的部件（枪管、可伸缩式枪托、护木等）而且无需任何工具。该霰弹枪亦适用于各个地型，它可让操作模式快速达成，并可改变装挂的配件以适应不断变化的战术环境。

射击状态下的M4 Super 90霰弹枪

M4 Super 90霰弹枪上方视角

6.2 谁与争锋：美国AA-12 VS 苏联/俄罗斯Saiga-12

霰弹枪是近战的高效武器，以火力大、杀伤面广而著称。在世界各国制造的霰弹枪中，美国艾奇逊AA-12自动霰弹枪是威力较大的一种，理论上它可以在1分钟内发射300发霰弹，并能发射铅弹、催泪弹和高爆榴弹等多种弹药，可在伏击、房间清除和其他类似战斗情形下提供强大的近程火力。而在苏联/俄罗斯军队中，也有一款可与AA-12自动霰弹枪媲美的半自动霰弹枪，那就是Sagia-12霰弹枪。该枪是一种可靠又有效的近战用霰弹枪，其结构和原理基于大名鼎鼎的AK突击步枪，包括长行程活塞导气系统、回转式枪机和盒形弹匣等。

美国AA-12霰弹枪

苏联/俄罗斯Saiga-12霰弹枪

基本参数对比

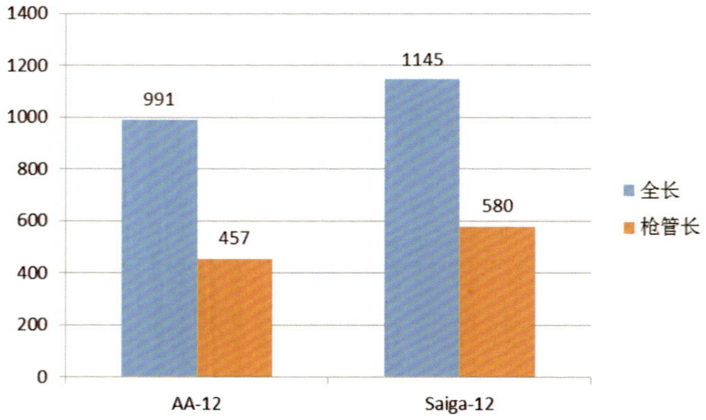

枪体尺寸大小对比（单位：毫米）

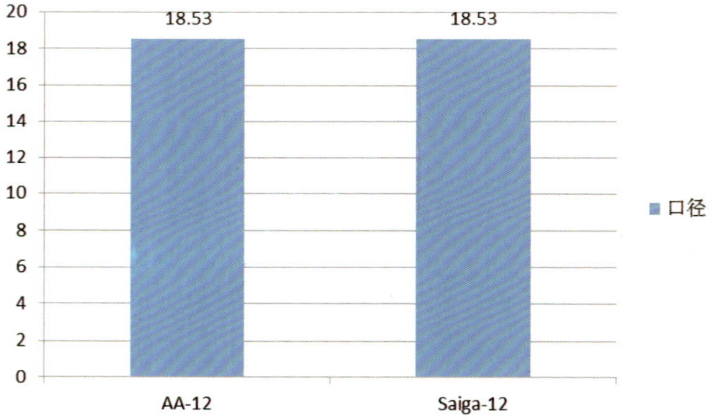

口径大小对比（单位：毫米）

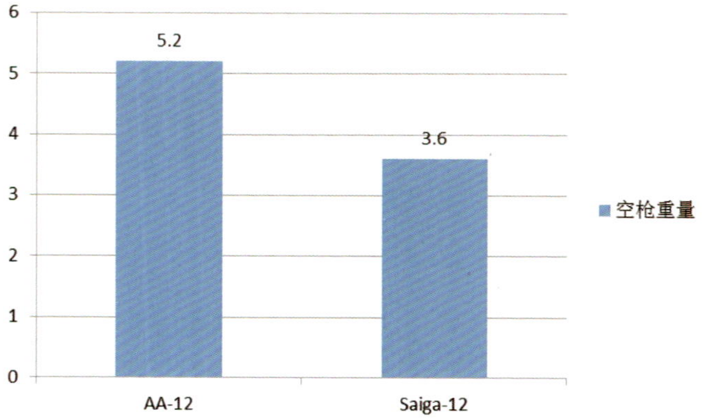

空枪重量对比（单位：千克）

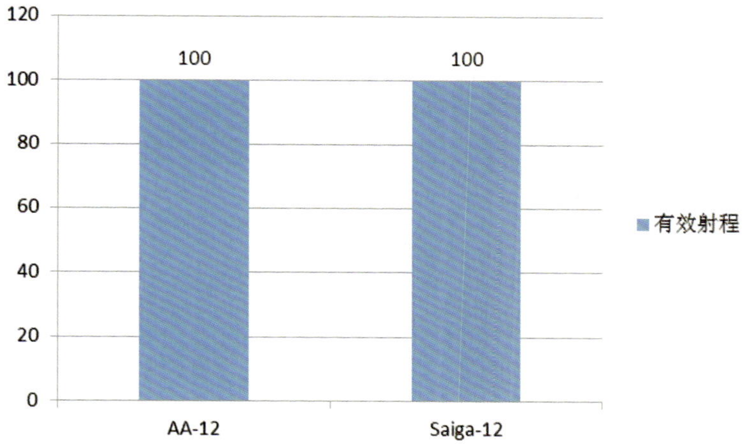

有效射程对比（单位：米）

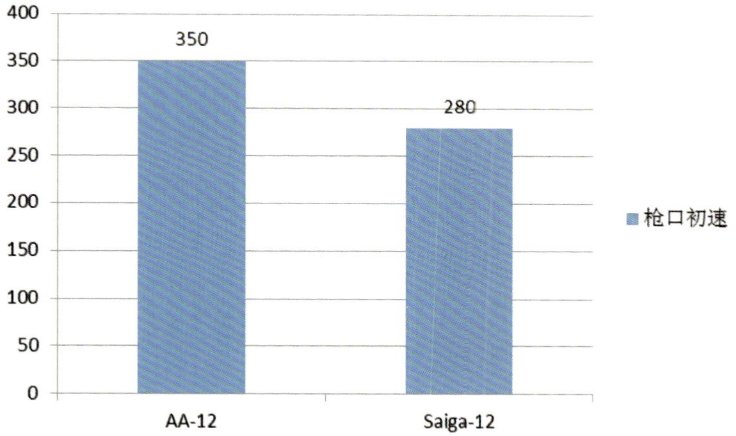

枪口初速对比（单位：米/秒）

制造背景概述

AA-12霰弹枪

1972年，美国枪械设计师麦斯威尔·艾奇逊研制了一种12号口径的全自动霰弹枪。当时他根据在战场的经验，认为诸如在东南亚所常见的那种丛林环境中，渗透巡逻队的尖兵急需一种近程自卫武器，其火力和停止作用应比普通步枪大得多，又要瞄准迅速。1987年，艾奇逊将专利权及全部图纸出售给宪兵系统公司（MPS）。其后，MPS用了超过18年时间重新设计及开发，期间原有的蓝图上有188个零部件需要做出修改和改进，最后研制完成并且改称为自动突击12霰弹枪（AA-12霰弹枪）。

迷彩涂装的AA-12霰弹枪

美国士兵试射AA-12霰弹枪

Saiga-12霰弹枪

Saiga-12霰弹枪是由著名枪械制造商伊兹马什公司于1990年以卡拉什尼科夫的AK系列研制及生产半自动战斗霰弹枪，设计时还预备了可以转换成不同口径的型号的空间。

Saiga-12霰弹枪及弹匣、弹鼓

Saiga-12霰弹枪上方视角

枪体构造对比

AA-12霰弹枪

AA-12霰弹枪的准星和照门各安装在一个钢制的三角柱上，结构简单。准星可旋转调整高低，而照门通过一个转鼓调整风偏。设计中采用两种形式的鬼环瞄准具，其中一种外形为8字形的双孔照门，另一种是普通的单孔照门。目前的AA-12样枪上没有导轨系统，MPS公司打算增加导轨接口以方便安装各种战术附件，例如各种近战瞄准镜、激光指示器或战术灯等。

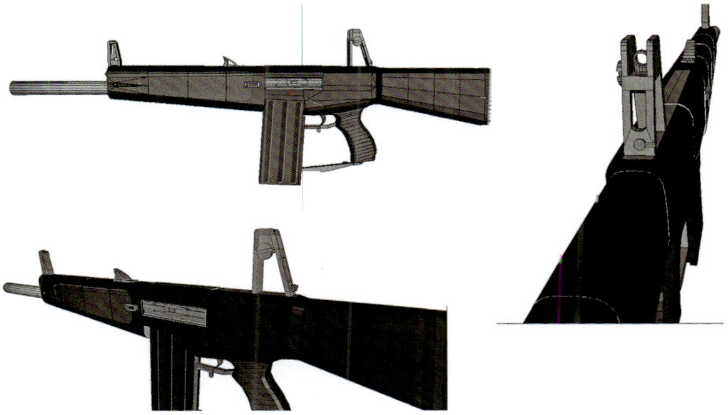

AA-12霰弹枪3D模型图

AA-12霰弹枪及配件

Saiga-12霰弹枪

和各种卡拉什尼科夫步枪的衍生型一样，Saiga-12霰弹枪是转栓式枪机、气动式操作和使用弹匣供弹的枪械。所有Saiga-12型号的霰弹枪机匣右侧都装有可识别为卡拉什尼科夫样式枪族的大型保险杠杆，可以装在机匣左边以安装瞄准镜的瞄准镜导轨，和装上机匣顶部以保护装置于后方的反冲弹簧组件的大型防尘盖。

Saiga-12霰弹枪侧方特写

Saiga-12霰弹枪前侧方特写

作战能力对比

AA-12霰弹枪

AA-12霰弹枪是以开放式枪机，一种能更常见于冲锋枪以及重型和班用等级机枪的枪械运作模式以进行射击。由于它大量使用不锈钢制造和设计了内部的防止积灰间隙，宪兵系统公司曾宣称这件武器不需要清洗或润滑。不过设计者却曾指出，该枪在发射10000发以后需要清洗。

AA-12霰弹枪及子弹

双手握持下的AA-12霰弹枪

Saiga-12霰弹枪

Saiga-12霰弹枪系列有.410、20号和12号马格南弹三种口径。每种口径都至少有三种型号，分别有长枪管和固定枪托、长枪管和侧折叠式AK-74M聚合物枪托、短枪管和折叠枪托。后者主要适合作为保安、警察和自卫武器，而且广泛地被苏联/俄罗斯执法人员和私人安全服务机构使用。作为一种可靠又有效的近距离狩猎或近战用霰弹枪，Saiga-12的优点是比其他著名的西方霰弹枪便宜得多。

展览中的Saiga-12霰弹枪

加装战术附件的Saiga-12霰弹枪

参考文献

[1] 军情视点. 全球枪械图鉴大全. 北京：化学工业出版社，2016.
[2]《深度军事》编委会. 世界名枪鉴赏指南. 北京：清华大学出版社，2017.
[3]《深度军事》编委会. 现代枪械大百科. 北京：清华大学出版社，2015.
[4] 唐仲明. 枪：视觉历史. 山东：山东美术出版社，2012.